吴岳 编著

重遇未知 的 自己

ZHONG YU
WEI ZHI
DE ZI JI

人们可以支配自己的命运，
若我们受制于人，
那错不在命运，而在我们自己。
——莎士比亚

煤炭工业出版社
·北京·

图书在版编目（CIP）数据

重遇未知的自己/吴岳编著 . ——北京：煤炭工业
出版社，2018（2022.1 重印）

ISBN 978 - 7 - 5020 - 6479 - 2

Ⅰ.①重…　Ⅱ.①吴…　Ⅲ.①成功心理—通俗读物

Ⅳ.①B848.4 - 49

中国版本图书馆 CIP 数据核字(2018)第 017382 号

重遇未知的自己

编　　著	吴　岳
责任编辑	马明仁
编　　辑	郭浩亮
封面设计	浩　天

出版发行　煤炭工业出版社（北京市朝阳区芍药居 35 号　100029）
电　　话　010 - 84657898（总编室）
　　　　　010 - 64018321（发行部）　010 - 84657880（读者服务部）
电子信箱　cciph612@ 126. com
网　　址　www. cciph. com. cn
印　　刷　三河市众誉天成印务有限公司
经　　销　全国新华书店

开　　本　880mm×1230mm^1/$_{32}$　印张　7^1/$_2$　字数　150 千字
版　　次　2018 年 1 月第 1 版　2022 年 1 月第 4 次印刷
社内编号　9359　　　　　　定价　38. 80 元

前　言

　　当我们渐渐长大，生活中的酸甜苦辣渐渐灌注心灵的每一个角落，偶然回头，我们才知道自己已不再那么清纯。儿时的记忆如今已是我们饭后的谈资，更可以成为我们嘲笑自己的理由，但我们永远都无法否定那时那个最真实的自己。

　　今天的我们已经长大，也渐渐失去了儿时的纯真；我们学会了掩饰，学会了让自己在更巧妙的回旋中适应这个社会，在不知不觉中变换了最清晰的色彩。迷蒙的，模糊的……我是谁？我该以怎样的姿态出现，这似乎才是更值得我们加以推敲，加以雕饰的。是世界变了，还是我们变了，没有人能说清楚。

　　可是，我们终究需要让自己休憩、回想、面对，面对那个最真实的自我。因为许多时候我们无法背叛自己的意志，无法逃脱

心灵的指引。所以，我们的路更多的时候是自己心灵轨迹的真实
再现。

　　面对真实的自我，不是让我们回到从前，而是让我们在生活
的道路上，认清自己、承认自己、悦纳自己、相信自己、造就自
己。在主动中把握好自己的人生，而不是被心灵的消极因素左右
自己的命运。我希望我们都能成为自己的主宰，因为，这是主宰
世界的决定因素，是我们成功的决定因素。

　　世界是客观的，我们是主观的，因为主客观的相对性，我们
只有面对真实的自己，查漏补缺，以最积极的姿态步入人生的舞
台才不会在危难时怯场，在得意时忘形。

　　面对真实的自我，需要勇气，也需要智慧，二者缺一不可。
我希望读者能在此书中找到它们，并用它们剖析自己思想和心灵
的阴暗处，在人生的最高境界放射自己最具魅力的光芒。

目 录

|第二章|

自我本色

|第四章|

只要你想，你就快乐

|第五章|

没什么不可能

|第六章|

不要浪费了青春

|第七章|

懂得宽容

第一章

做最真实的自己

认识自己的重要意义

> 一个人应该有认识自己的意识和能力。因为我们的生活是复杂多变的，认识自己，面对真实的自我，承认自己的优势和不足是我们进军现实世界的基础和出发点。当我们意识到我们的优势时，我们可以更恰当的选择自己的生活方式，给自己一个恰当的定位。

随着科技力量的兴起，许多关于人的八大智能的测试也应运而生，但我们是否可以不用这种方法就可以明白自己的优势与劣势之所在，确定自己的发展方向呢？可以，只要你善于思考，善于反省。

反省是人类提高自己的能力，重新认识自己的有效途径。善于思考和反省的人有对自己思想的更新能力，他们会随着自己在生活中的经历不断校正自己的航向，渐趋完善自己，充实自己，让自己成为一个完美的人。更可贵的是善于反省自我的人有勇气面对自己的缺点，敢于剖析自己的灵魂，能够认识到自己的不足并在必要的时候放下自己的面子，在别人面前承认自己的错误，这样的人是可贵的人，是真实的人，是成功的人。

　　我的一个朋友，心地很善良，刚从学校毕业的时候，对自己，对社会都不是很清楚，她听从了父母的安排，嫁给了现在的老公。他的老公是一个很细心的人，很顾家，就是脾气有点急。按理说，他们应该是很好的一对，但事实并非如此，婚后最初的一段时间里他们也很融洽，但好景不长，结婚不到两年，他们各自身上的缺点就暴露无遗。于是，他们之间的争吵也就成了家常便饭，闹得双方父母都难安心。我很为自己的这位朋友惋惜，因为，她本该是一个可以生活得很幸福的女人。可是因为她对自己的认识不够，所以活得很累，就像是一个从来就不知道自己站在哪儿，该往哪儿走的迷途的孩子。

　　在与她的接触中，我发现她很固执，也很偏激。在她的内心里她认为她永远都是对的，她不会听任何人的劝告。在工作的过程中她屡屡碰壁，可是，她仍然认为自己的能力很强，只是自己的运气不佳，却不会考虑自己是否有什么地方需要改进，需要调整。事实上，由于受教育和阅历的限制，她的交流方式很难让一般人接受。所以，她在无形中就会让自己陷入一个很被动的包围圈，这便是她工作屡屡受挫的原因。她一直认为自己很漂亮，很年轻，与老公离婚之后可以再找一个更好的人，可以有更幸福的生活。但她似乎忘了，现实并没有她想得那么简单，况且，她没有倾城倾国的容貌，也不再年轻。应该说是她自己毁了自己的生活。因为不能认识自己，所以，她无法抓住自己该有的幸福，这是一种悲哀，一种活着时的悲哀。

　　一个人应该有认识自我的能力，这是必要的，也是必须的，没有这种能力，就很难找到自己的位置，也就很难有所成就。所以，我们都应该学会认识自己，剖析自己，明确自己的方向，面对真实的自我。

以人为镜看自己

> 卞之琳在他的诗里说:"你站在桥上看风景,看风景的
> 人在楼上看你。明月装饰了你的窗子,你却装饰了别人的
> 梦。"在别人的眼里我们都是别人的风景,在别人眼里我
> 们也可以看到自己真实的那一面。

一百个人眼里有一百个林黛玉,我们没有必要在别人的评
论声中不断改变自己的行为和思想,但有些人的评论是客观公
正的。在他们的眼里你是有缺点的,他们希望你能改正并完善
自己。所以,他们会不计后果的告诉你,你错在哪里,需要如
何改正。这样的人对你是真诚的,你一定要考虑他们的意见。
比如,我们的父母、长辈,或是朋友,他们是真心关爱,在乎
我们的人,如果用心聆听他们的想法和建议,对我们会有很大

　　的助益。不过，有时做父母的也不会完全了解自己孩子的需要和想法，也会因为自己的局限，对孩子有过高的期待，会对孩子有一些不合规律的要求，这是不恰当的，做儿女的可以在认真考虑了父母的建议之后，过则改之，无则加勉。我们必须在逐渐的成长过程中，学会检讨自己，对自己负责。

　　当然，并不是说与我们无关的人我们就不用去考虑他们的想法了，只是我们必须明白不能用自己的消极情绪去回应别人个性和习惯上的不圆满，才能平心静气地接受那些对我们有帮助的建议。至于那些关心我们的人，我们的态度应该是分享和聆听，并不是遵从对方的期待而改变。对于那些真正不能接受和无法达成的期待，还是要适时地拒绝才行，否则就容易形成关系中造成决裂的隐形炸弹。也有些时候，我们的理想与那些关爱我们的人相抵触，或许我们自己很清楚自己为何要做这样的选择，清楚地知道将来的发展，但是别人不知道，如果我们要坚持自己的选择，也得尽力沟通清楚才好。

　　现实中有些人在这一点上，做得不是太好，结果往往会让自己与关心自己的人都受伤。

　　儿时的我有一个小伙伴，她的个性太强，她在做决定时经常不与父母商量，高中毕业后她喜欢上了一个男孩子，当她决定与这个男孩子在一起时，遭到了父母的强烈反对，本来还是有商量的余地的，但她义无反顾地和那个男孩子离家出走了，并一去杳无音信。父母在家里苦等了她三年，经常在夜里哭得撕心裂肺。第三年，她抱着自己的孩子回家了，却彻底伤透了父母的心。从那以后，父母不再像以前那样爱她，她才知道她所犯下的错误是多么严重。

我们不是孤立地生活在这个世界上，我们的一言一行都会在别人的眼里形成一定的印象，那些过激的言行必然会遭到许多人的不满，当别人给了你这样的暗示时，你必须学会承认和改正错误。在我们聆听别人的意见时，先要了解他们对我们的态度，然后考虑他们的建议是否合适，我们需要听听别人的声音，需要在改变中适应这个社会。但需要记住的是，我们无法满足所有人的期待，但我们需要在别人的那面镜子里看清自己的缺点，不断成长，并表现出真实的自己，而不是一味地把自己塑造成他人眼中完美的形象。

认真地去了解自己

　　　　一个人应该思考的不是自己应该得到什么，而是自己
是什么。

　　许多有所成就的企业家、作家、演员和运动员都曾谈论
过，我们的自我形象会如何影响我们要做的每一件事情。甚至
有人说，那是人类所有成就中最重要的单一因素。美国著名整
形外科博士马克斯威尔·莫尔兹发现一些病人在做过整形手术
后，会经历重大的人格变化。但是，在其他的一些个案里，即
使是相当戏剧化的手术结果，病人还是会把自己看成一个丑陋
的或是一个无能的人，外在形象的改变对于真正的问题仍然没
有丝毫的影响。他们内在的自我形象，也就是对自己的信念，

还是没有改变。于是，莫尔兹博士让他们忽略自己的肉体，而去改变内在的自我态度，结果收到了良好的效果。

我们很容易看见自己的外在形象，但认识自己真实的内心世界却会有一定难度，如果我们来做一个实验就会看到一个较真实的自己。

首先，你需要把能够描述你自己的一切特征和人格特质，以及相信你自己是什么样的人的想法都写出来。请注意：不是你认为别人会如何看你，而是你如何看你自己。如果你想开始的时候容易一点儿，就先写出你觉得足以描述你自己的一些词语。接着，要注意，写的时候要用你平时不惯用的那只手，这样做也许会有困难，而且你也许会把字写得大大的，但只要你坚持做下去，你就会发现，事情变得越来越容易了。只要你事后能够将每一个字都辨认出来，你就不需要为你的字写得歪歪扭扭而操心。现在就写出你的清单吧，给自己足够的时间，如果你在做这件事时保持放松的话，是会有帮助的。当你减少了左脑的有意识的干扰后，更深入的、真实的洞察力就会显现出来。

人的大脑的左半部分与语言和逻辑有关，而右半部分与感觉和直觉有关。你惯用的那只手和你身体的同一边，都是由你的大脑的另一边来指挥的。因此，当你做上述是实验时你的左右半脑中比较不惯用或潜意识的那一边会被运用出来。这个简单的实验可以从意识下带出一些洞察力，而这些洞察力，在你运用惯用的那只手来写的话是不可能被发现的，只有当它们被你发现了，你才会意识到它们是真实的。你最先写的一些勉强可以认出来的字，也许是可以预测，而且也和你用较常用的那只手写出来的那些是一致的。但是，当你继续写你的清单，且允许你的潜意识自由发挥的时候，你就会得到更多具有透露性的自我形象的词语了。当有明显的矛盾——即对平时的形象构成巨大的冲击发生的时候，你需要对自己完全的诚实，分辨哪一个才是真正适用的。通常使用惯用的手写出来的清单，看起来会像是为了供"大众消费"而写的，并不会显出更深层的自我信念。例如，你用惯用的手写出来的"聪明"，用非惯用的手写出来就有可能变成"圆滑"，甚至是"投机取巧"。在很多实验的例子中，亲戚和亲近的朋友会确认说，用非惯用的手写出来的会更接近事实。

　　仔细审视你单子上所列的每一个词句，如果你不能确定你所写下来的某一个词语的确定意义，试着把每一个词都用一句话加以表达，不过你要用你非惯用的那只手来写。这些词语的每一个都可以予以扩大，成为一个或更多的特定概念的叙述句。例如，"友好"可能会包括"我喜欢别人来我家做客"这个特定的信念，而"脚踏实地"则可能涵盖"我很会自己动手做东西"。这些使用非惯用的手写下来并且扩大成为更明显的句子的信念，才是有可能解释你的行为和结果的信念，而不是那些你立刻就可以觉察的少数信念。

接下来是"自我催眠"，将每一个信念都放在你的心里加以测试。首先，先选择一个你认为是正面的信念，然后想象你自己现在正处于这样一个实际发生的状况，而且，在这个状况里，你的这个信念正在付诸实现。举例来说，如果你很擅长于吸引儿童的兴趣，比如讲故事，唱儿歌，你就想象自己正在这样做，而且正在享受自己做得很好的感觉。这个例子也许正是收到你的清单上"友好的"或"令人喜欢的"这些词语激发而产生出来的。为了让你的感受更真实，你需要想象一些视觉上的东西，可以是小孩的脸、故事书以及你周围的任何事物。如果你可以感觉你所听到的任何声音，包括你自己讲话，唱歌的声音，或是体验到任何与你正在做的事情有关的感觉，那么这种真实性就更加强烈了。换句话说，你最好动用起自己的感官，必要时五种感官都要用到。其中，视觉、听觉和感觉最为重要，这种感觉很像自我催眠，你必须先让自己进入这样一个放松的状态。

现在将情景转到一些不会令你感觉快乐的事情上，也就是那些负面的自我信念。举例来说，你的同事正在热烈讨论着什么，但你却插不上嘴，你不喜欢看到自己正在这么做或处于这种状态，这也许就是"拘束的""害羞的""难以交流的"这些词语所激发出来的。你可以回想过去的一次不好的经历，也可以想象未来会发生的一件不好的事情，如同上面一样，把它感觉得越真实越好。

通过上述的两个步骤，你已经体验到自己的两个不同的形象所反映出的不同的两个自我形象。把这两种自我形象加以比较，你会开始看到一些差异。这并不是指两个情景在内容上的差异，而是视觉、听觉、感觉上的差异。

也许，这是你第一次了解自己对自己的感觉，了解你的自我形象。在重新审视之下你就可以运用那些令人产生力量的词语，创造你希望拥有的信念。改变那些不利的信念，进而把自己的潜能激发出来。

要学会自我反省

> 自我反省是学习不断理清自我的思想并加深个人的真
> 正愿望，集中精力，培养耐心，并客观地观察现实，以达
> 到与现实同步的过程。

精熟于自我反省的人，能够不断实现他们内心深处最想实现的愿望，他们对生命的态度就如同艺术家对艺术作品一般，全心投入、不断创造和超越，是一种真正的自我反省，此项修炼兼收并蓄了东方和西方的精神传统。

遗憾的是，没有多少人能以这种方式成长，并达到自己的目标。这个领域是一片广大而尚未开发的处女地。许多人多半聪明、受过良好的教育、充满朝气、全心全力、渴望出人头地，但他们到30多岁时，通常只有少数人平步青云，其余大多

数人都失掉了开始时所有的企图心、使命感与兴奋感。对于工作，他们只投入些许精力，心思完全不在工作上，这种生活是多么可悲!

大多数人不会在自己身上找缺点，当你询问他们的愿望是什么时，通常他们首先提到的是负面的、想要除掉的人或事。例如，他们说"我想要我的岳母搬走"，或"我想要彻底治好背痛"。然而自我超越的修炼，则是以我们真心向往的事情为起点，让我们为自己的最高愿望而活。

检讨是成功之母。找出自己最大的障碍，限制性的步骤，以及犯过最大的错误，推导出原因，加以改善，你就必然会有所收获。

真正思考的人，从自己的错误中汲取的知识比从自己的成就中汲取的知识更多，而这个途径是一个人进步的最好的途径。

指挥海湾战争的美国黑人将军鲍威尔在海湾战争中崭露头角，鲍威尔的成熟、老练就是在不断地反思、反省中铸造的。

还在担任下层军官时，鲍威尔就率领士兵跳伞。临跳前，鲍威尔问士兵的伞准备好了没有，士兵们异口同声地说准备好了。鲍威尔放心不下，于是又逐一检查了一遍，结果不查不知道，一查吓一跳——有个士兵的伞居然没有打开!

经历了这件事以后，鲍威尔吸取了教训：做事要细心，要部署周密。从那以后，他再也没有犯过类似的错误，因此，他也会在很短的时间内成长为一个优秀的将军。

不断地反省是任何人都可以从自身汲取养料的最佳途径。当我们要面对真实的自己时，不要忘记自我反省；当我们要超越自己时，不要忘记自我反省。不要说你没有缺点，也不要说你不需要改正，勇于自我反省的人才会在这个世界有所成就。

扔掉心中的锁链

　　　　一个人要面对真实的自己就必须学会将心中的锁链
扔掉，因为锁链会在束缚了我们行动的同时也束缚着我们
的意识，这样就会在无形之中遮盖了我们对自己潜能的认
识，压抑了潜意识所能发挥的积极作用。

　　事实上，我们每个人都有成为天使的可能也有成为魔鬼的
可能，只是在不能面对真实的自我，不能很好地发挥潜能的情
况下，浪费了自己的才华。

　　潜意识也许可以被比作一块磁铁，当它被赋予功用，在与
任何明确目标发生联系之后，它就会吸引住达成这项目标所必
备的条件，创造出很大的价值。

　　美国百万富翁罗杰和桃乐丝夫妇的奇迹起于一次偶然的策划。

第二次世界大战前，罗杰是一名推销经理，妻子桃乐丝是一名时装模特儿。第二次世界大战时，罗杰应征入伍，在服役中受伤，入海军医院疗养。在疗养期间，他从事皮革加工以打发时间。罗杰和桃乐丝，他们二人做梦都没想到这件事竟然决定了他们今后的一生。第二次世界大战结束，罗杰返乡，恢复了平民生活。在某一天晚上，桃乐丝的一位朋友到他们家做客(此时他们住在纽约)。

茶余饭后，大家闲谈了一阵子之后，这位女士得意地向他们展示新买的手提包，说道："这玩意花了我80美金。"罗杰听完后，便把那只皮包拿过来，翻来覆去地看了几遍之后说："太贵了!这种货色我用15美金就可以帮助你做出来。"

第二天，为了证明自己不是吹牛，罗杰马上出门去买了一套工具和上等牛皮。一回到家，便立刻跪在地上开始剪裁、缝制，没多久，手提包就完成了。其做工之精致，令桃乐丝看到之后爱不释手!

罗杰看太太高兴，自己也很高兴，在高兴之余，他脑中突然电光一闪，想到既然自己具备皮革加工的技术，又有推销经验，桃乐丝在时装界又有许多熟人，自己何不朝皮革制造业发展呢？

于是，他把自己的想法与桃乐丝商量，桃乐丝也觉得这是个好主意，因此二人联手，决心展开行动，就这样一个创业策划形成了。

刚开始时，他们在自己只有三个房间的公寓中制造样品(为拿去给买主看的)，由桃乐丝设计，罗杰负责制作，二人工作忙得不亦乐乎!

但他们都知道还有一个最大的问题尚未解决——那就是该如何获得订单，若无订单，创意再好也是枉然。

罗杰将样品夹在腋下，不辞劳苦地走遍纽约大商店，但由于他们年轻，名气又不大，所以不断遭到拒绝。但罗杰并不气馁，他总是替自己打气，鼓励自己继续寻找机会。终于，他遇见纽约著名商店"苏克斯"的供应商，这位供应商一看到罗杰带来的样品便十分欣赏，他表示罗杰能做多少，他都愿意购买。

从此以后，罗杰他们小小的公寓房间里每晚都灯火通明。他们夫妻俩为了应付订单，夜以继日地工作着，皮革与工具散得满地都是，两个孩子穿梭其间玩耍，此时，家庭已变成了工厂。那段日子他们的确过得十分艰辛，夫妇俩不但要维持生计，还要照顾两个孩子，异常劳累。

　　直至今日，在他们当时居住寓所的地板上，仍然留着他们辛勤工作的痕迹。

　　两三个月转眼就过去了，他们所收到的订单不断增多。罗杰租下车库上的阁楼，然后和太太二人继续在那儿努力工作。后来，桃乐丝又设计出一种小孩用的沙袋型手提袋，她的新创意被送到"LOOK"这个全国性杂志的编辑部。某位编辑对她的创意非常感兴趣，并且还以此为主题写了一篇专题报道，也附带介绍了一下罗杰与桃乐丝的奋斗史。就是因为这篇刊登在全国杂志上的文章，他们在一夜之间声名大噪，产品在极短的时间内便卖出100万个。

　　此后，他们便踏上了平坦大道，纽约和洛杉矶都设有他们的工厂，所雇员工达140名，所制产品向全国主要商店交货。

　　由于产品畅销，罗杰与桃乐丝赚取了一生中的第一个100万美金，那一年，他们才30岁出头。

　　就这样，在海军医院疗养期间所获得的某种创意，并把创意进行策划，终于发展成一桩大事业。

　　可见，一个人有多大的潜能可以发挥，而要发挥这种潜能，扔掉心中的锁链是多么必要！真实的我们也许会使现实的生活状态有很大的改观，只是我们没有将自己看清楚，所以会陷入绝境。

你的长处是什么

　　　　面对真实的自我就是要看清自己的优势，了解自己的
长处，将自己的价值显现出来。

　　美国社会专家的研究显示，人的智商、天赋都是均衡的，
就像是这个世界的一切都会按照能量守恒定律发展一样。在某
一个领域里有很大的优势，但不一定会在其他领域也占有同样
的优势，即每一个人都会在有优势的同时具备劣势。那些极少
数的成功人士不是因为他们什么都好，而是因为他们懂得发挥
自己的优势规避劣势。

　　有的人在未发现自己的才能和专长时，往往做事不得要
领。做无所成，总是感觉自己一无是处，但这很可能是被环境

或形势所逼，自己如同在暗夜里行路，找不到该走的方向。

　　客观地认识自己，知道自己的长处，找到自己的发展方向，走一条属于自己的路，有利于你的成功，更有利于收到事半功倍的效果。相反，如果你不了解自己的长处，盲目地走你的路，那无异于蒙着眼睛走路，纵然有所收获，也不会太轻松，而大多数的时候更可能是无功而返。

　　读书时我的文化课一直都是一瓶子不满半瓶子晃荡，甚至有很大的偏科现象，父母没有意识到这一点会对我今后的人生路有什么影响，只知道如果没有文化就会受苦。所以，大多数的时候都会逼着我学习文化课。事实上，我在很小的时候就显出对艺术的兴趣与天赋，只是父母并不了解这一点，而当时的我又太小没有决定自己生活方向的权利，加上当时环境的影响，我一直都未能选择自己喜欢的生活方向。高中毕业时，父母看到小城里的很多孩子不费吹灰之力就考取了艺术类院校，才意识到他们的教育理念是不符合这个社会节拍的。而那时的我已经意识到了自己的长处，于是在上大学时，我就只能依靠自己的兴趣，尽量多涉及一些自己喜欢的艺术类课程，我知道如果真的走艺术道路已经很困难了，但至少多学一些对自己不会有什么害处。而且，在学习的过程中我感觉到了该有的快乐，也看到了自己的进步。这便是我现在真正能做到的，也是可以感受到幸福的一件事。也许你曾有过类似的经历，但只要你能够认识到自己的长处，你就可以有所收获，至少可以收获快乐。

达尔文在他的自传中说，因为他对自己有很深刻的认识，所以，他可以准确地把握自己的长处，扬长避短，以至取得了比别人无法企及的成就。他谦逊又很自信地谈道："我的记忆范围很广，但却比较模糊。""我想象上并不出众，也谈不上机智。因此，我是蹩脚的评论家。"伟大的马克思有许多天赋，但他给燕妮写了很多诗之后发现自己并没有很好的诗才。于是，他自我剖析说："模糊而不成形的感情，不自然，纯粹是从脑子里虚构出来的，现实和理想之间的完全对立，修辞上的斟酌代替了诗的意境。"

人们对自己的认识不是一次就可以完成的。认识过程不仅建立在自我反馈上的自我调节，也要建立在对别人中肯建议的接受基础上。

有两件学林逸闻值得我们深思。一是著名的史学家方学瑜他小时候除刻苦学堂课程外，还在假期跟从和德谦先生专攻诗词。他渴望成为一名杰出的诗人，但一晃六七年过去了，他却未取得一点儿成就。1923年，他赴京求学，临行时与和先生诵玉阮亭"诗有别材非先学也，诗有别趣非先理也"之句赠之，指出他生性质朴，缺乏"才""趣"，不能成为诗人。但如能勉力，学理可成就，将能成为一个学人。方学瑜铭记导师之言，后来著成《广韵声汇》和《困学斋杂著五种》两本书，为祖国的史学研究做出了很大贡献。

　　其实，每个人都不可能在任何领域占尽优势，而是会在某个领域占优势。只要你对自己的长处很清楚，并将自己的优势发挥到恰当的地方，你必然会有所成就，这就是你的真实面带给你的财富。

找出与他人的差距

你与别人的思想差距，就是你落后于人的一个重要因素。欧洲有一句名言："一个人自我思想决定了他的为人。"行为是思想的结果。人的外在言行必然反映了他思想的高度。

无论他的言行是自然的还是刻意的，都是由内心隐藏的思想种子萌发出来的。一个人看到自己与他人的行为差距时就该先审视一下自己的真实的思想。

美国皮套业明星约翰·比奇安，曾经是一位警官，只是喜欢业余时间制作皮套。后来，他创办了美国最大的制造皮套和皮带厂家——比安奇国际公司，专供执法人员和军方使用。

他也担任过亨廷顿控股公司的顾问和瑟法里公司的发言人。他
在他的领域里有着很大的吸引力，当他出现在展台上的时候，
展厅的人排着长队想一睹他的风采。他给别人讲过这样一个故
事："38年前，我还很年轻的时候，在咖啡厅干过活儿。我看
见公司的老板进进出出，我观察他们时就会问自己：我与他们
有什么不同，他们在干些什么？我应当好好研究一下。我发现
一件很重要的事——他们有一个重要的特点，就是充满信心。
他们无所畏惧，他们是自信的。从那时起，我反复思考，后来
发现，恐惧是很多问题的根源。你必须对自己有信心，如果你
自己没有信心，任何人都无法相信你。"

　　莱尼特是一名普通的修理工。他的朋友与他的恶劣条件差
不多，但薪水却比他高，住在高级住宅区。莱尼特很困惑，究
竟自己什么地方不如他们？见过心理医生之后，他找到了症结
所在，他发现自从他懂事以来，他就对自己不是很自信，妄自
菲薄，不思进取，得过且过，他总是认为自己无法成功，也不
认为自己可以改变这一点。于是，他痛下决心，改掉自己身上
的缺点。他辞掉了自己的工作，通过面试，进入一家知名的维

修公司。两年之后，他成了行业中的著名人士。

在上面的例子中，他们的成功都被牢牢地掌握在自己的手里，那是因为他们看到了自己身上存在的缺点以及与别人的差距。他们有勇气面对一个真实的自己，又能够有勇气打破自己身上的束缚，所以，他们成功了。这就是一个人可以成功的理由。

心理学家马斯洛提到一个自我接受的概念。他说："新近心理学上的主要概念是：自发性、解除束缚、自然、自我接受、敏感和满足。"我们的心灵因为罪恶感，以及过去和现在所犯的种种过错而自惭形秽，我们渐渐地缺乏了自我尊敬和喜爱自己的能力。为了学习喜欢自己，我们必须面对自己的缺点、容忍自己的缺点，这并不是不思进取、懒惰或是其他的什么，只是表示我们必须认识到没有人可以百分之百的优秀。要求别人完美是不公平的，要求自己完美也是荒唐的。所以，千万别苛刻地对待自己，我们需要做的是接纳自己，寻找可以让自己进步的突破口。

不喜欢自己的人，常表现为过度的自我挑剔。适度的自我批评是有益的，有助于个人的发展，但超过了一定的度就会影响到我们的积极性。如果一个人在从事一件事时，过分的自我挑剔让自己显得笨拙、胆怯，没有勇气进行后续的工作，所以

也不会成功。这样的话，他最大的敌人也就是他自己了。没有
什么事可以难倒一个人，只要你相信自己，你一定可以做到。
一个普通人与一个成功者之间的差距在于心理的差距。能否认
识自己，.改变自己的差距，面对一个真实的自我是成功者之所
以成功的依据。扬长避短是成功者之所以成功的途径；弥补差
距是成功者之所以成功的途径。

改变自我意识

　　　　　每个人都渴望成功，但成功需要多种能力、品质和资源。不过，首要的一条是要明白，一个人要成功需要具备什么样的品质，需要遵循什么样的规律。

　　如果你想成功，只需要你明白地检视自己，无论面对何种情况，你都要清楚你在一时一事上取得了成功或遭到了失败并没有什么大不了的，你如何对待自己的成功和挫败才是最主要的。成功之道不管是否成功，都应该表现出成功者的姿态。

　　然而，一个人要改变自我意识，由经常进行消极的自我暗示转变为自觉地坚持积极的自我暗示，实在不是一件容易的事。首先，我们要明白，一个人的自我意识会受到许多因素的影响，而且是经历了相当长的时间形成的，怎么可能一下就改

变，一蹴而就呢？奥里森·马登经过多年的研究认为：影响心
理暗示的因素有以下几方面：

（1）如何看待自己的品格智能，主要是如何看待自己的
优缺点

如果认为自己条件很差，缺点很多，并害怕承认，力图掩
盖，当然就会影响自我认识，对自己的评价偏低。如果能充分
认识自己的优点和潜能，并充分表现自己的优点，开发自己的
潜能，又不想掩饰自己的缺点不足，那就会自我评价较高。

（2）为自己选取什么样的目标，提出什么样的标准

如果自我期望和要求很低，就会总能感到志得意满、不思
进取；但如果对自己的目标选择期望标准过高，也会感到力不
从心、悲观失望。只有从实际出发，选择和期望较为恰当，才
会产生积极作用。

（3）和什么人比较

一个人通过和不同的对象做比较，可以使自己显得很矮小
或者很高大，显得笨拙或者聪明。一个人如果眼界狭窄，见识很
少，仅仅只同几个人相比较，就会产生过分的自卑感或优越感。

（4）个人的归属感

一个缺乏自信的人如果发现他所属的群体、环境较为优

越和可依靠，微不足道的自我由于"我们"而会增强信心，反之，就会感到平庸而虚弱。同样的道理，家庭出身、别人的看法、学历的高低等也都是影响自我意识的因素。

（5）如何看待实践

成功令人鼓舞，失败令人沮丧，这两种截然不同的情况自然对人的自我意识有很大的影响。在这个问题上，还包括成功或失败所引起的影响，对自己产生的或褒或贬的影响。

正因为我们的自我意识要受到多种因素的影响，所以我们要把人的心理所包括的各个方面的思想内容相互联系、融会贯通，才能领会其精神实质，并应用到具体实践中去。但不论因素有多少，最根本、最关键的因素依然是由自我认识、自我评价、自我期望与要求所构成的自我意识，因为一切因素的影响都要通过你的心理反应才起作用。你到底认为自己能行，还是不行？你是侧重于想要什么，还是总想不要什么，你是习惯于生活在别人的眼光里，还是一定要做自己的最高仲裁者？这一连串的自我意识和选择便决定了你在遇到问题和挑战时将会进行什么样的自我意识，采取什么样的行动，并得到什么样的结果。

正确评估自我

　　　　如果我们把自己放在社会这个大背景中，我们能否给
自己一个清醒的评估？我们是不是一个有用的人？是否可
以成功？是不是一个特别用的人？

　　推出一种新产品，只有找出最合适的市场形象，才能打开
市场的新天地，这些原则对任何事物都是可行的。

　　但是许多人却忽略了这一道理，并且从来不把它用在自己
身上，不去思考如何把自己推向市场。

　　只要我们与企业界高层的人士交往越多，就越能体会他们
之所以能达到高位的原因：有一部分得归功于个人促销，以及
更重要的——个人定位。他们不仅工作勤奋，表现优异，而且
总是精心布局，让别人能认同自己的价值。

这种自我设计并不是一种弄虚作假，只要能够实事求是地正视以下几个问题就可以了。

（1）你的形象如何

你的形象是你获得别人尊重和好感的一个诱因，有时甚至决定着你的命运。

（2）你是否找准自己的位置

人才正如产品一样，对谁都能用的产品，往往不是精品，而是大路货或便宜货。这些大路货是不可能与具有特殊功能的产品相竞争和比较的。

即使你什么都懂，别人也会冷眼相看。在当今讲究业务专长、精通专业的社会，同行的共同语言总是容易相通和理解的，人们总是愿意与同行切磋技艺。

因此，如果不能正确地估价自己，那么就不可能得到他人的理解和支持，道理是显而易懂的。

（3）你犯的是哪类错误

吃五谷，生百病。人生在世，总会遇到困难和挫折，也会犯这样或那样的错误，但错误的实质却有根本的不同，主观的错误永远是你致命的弱点。

（4）凡事不能聪明过头

IMG公司里有位经理，才思敏捷，反应快速，他能在瞬间衡量情势，作出决定。

这种快速思考的能力，虽然在公司里极受重视与嘉许，但对外来说却未必是优点，很多人会觉得他过于精明厉害。

当他与一家长期从事体育赛事的公司洽淡时，仍然我行我素。这对于习惯照章办事、按部就班的这家公司来说，对他这种即席的解答方法，不仅颇觉惊讶，而且完全跟不上他的速度。结果这家公司没有选择与他合作。

（5）你会出名吗

最能让你名声在外的是，做好每一件事，这样自然会有人去为你立传，这比从你自己嘴里说出来，更能令人信服。反之，要不引起他人的反感，最好的词语应是"我们""我们公司"，而少用或不用"我""我的"……

（6）你的工作岗位怎样

要赢得赛马的胜利，一靠骏马；二靠骑师。前者的因素占90%，后者占10%。事业前程也是如此，好人配好马，好马配好鞍，定能驰骋商场，你有一个好单位，许多事都可以顺利达成。

第二章

自我本色

坚持自我本色

　　　　　不得不说模仿成功者的经验，是一种找寻自己出口的
方法。但模仿永远都不能造就一个新的你。

　　只知一味地模仿，而不知改进的人必将让自己陷入僵局，困死在模仿的茧里。我们可以走模仿的路，但不能失了自己的本色，丢了真实的自己。

　　曾有一个寓言说，一只麻雀看到孔雀的英姿，总想学孔雀的样子。孔雀的步法是多么骄傲啊！孔雀高高地仰起头，抖开尾巴上美丽的羽毛，那开屏的样子是多么漂亮啊!我也要成为这个样子。麻雀想："那时候，所有的鸟赞美的一定会是我。"麻雀伸长脖子，抬起头，深吸一口气让小胸脯鼓起来，伸开尾

巴上的羽毛，也想"开屏"，麻雀学着孔雀的步法前前后后地踱着方步。可这样做，使麻雀感到十分吃力，脖子和脚都疼得受不了。最糟的是，其他的鸟全都嘲笑这只学孔雀的麻雀。不一会儿，麻雀就觉得自己不能再坚持下去了。

"我不玩这个游戏了，"麻雀想，"我当孔雀也当够了，我还是当个麻雀吧!"但是，当麻雀还想像原来那个样子走路时，已经不行了，所以它只好跳着走。

这就是不顾自身条件，一味模仿别人的结果。人类也会犯同样的错误，幸运的是，有的人可以及时醒悟，最终走出自己的特色，并以这种特色树立自己不败的特色。

奥特雷刚出道之时，想要改掉他得克萨斯的乡音，为了使自己像个城里的绅士，便自称为纽约人，结果大家都在背后耻笑他。后来，他开始弹奏五弦琴，唱他的西部歌曲，开始了他那了不起的演艺生涯，最终成为全世界在电影界和广播界最有名的西部歌星之一。玛丽·玛格丽特·麦克布蕾刚刚进入广播界的时候，想做一个爱尔兰喜剧演员，结果失败了。后来她发挥了她的本色，做一个从密苏里州来的、很平凡的乡下女孩子，结果成为纽约最受欢迎的广播明星。可见，一味地模仿带来的多是耻笑和失败，一个人只有挖掘出自己的本色，让真实的自己显露出来，才会有发展的余地。

你可以模仿别人，但不可以一味地进行模仿。不要活在别人的影子里，你就是你，不是别人的翻版。大踏步地向前走，留下属于自己的脚印，才能够活出真实的自己。我们每个人的个性、形象、人格都有其相应的潜在的独特性，我们完全没有必要去一味地嫉妒与模仿他人的优点。在每一个人的成功过程中，一定会在某个时候发现一味地模仿是无知的，模仿也就意味着自杀。不论好坏，我们都必须保持本色，坚守自己的原则。不要因为风吹草动就将自己的原则更改，将自己的本色丢失。如果你的更改和丢失能够换来永久的光辉，也许还可以试着坚持，但世界的确要告诫我们，相似是可以的，相同却是不允许的。

大千世界，人有各种差异，性格不同，身材、外貌不同，生活的环境不同，就像树叶一样，大致看上去都一样，但仔细比较一下，不可能找到两片相同的叶子。那么人就更应该如此，即使是孪生兄弟姐妹，外表大致都一样，但总能区别他们的个性。我想，这大概就是人与生俱来的特质，不可能改变，正是有了这种差异，才使世界显得丰富多彩。生活中总有些人会去模仿别人，忘记自身的特点，常常看见别人穿的衣服很漂亮，就会也去买，但穿在自己身上是否合适，却不去考虑，结果换来的就很有可能是别人的批评和反对。

我们每个人都有自己的轨迹，有自己的特色，如果将这种轨迹和特色发挥到恰到好处，我们就会有自己的一片天地，所以我们没有必要去一味地模仿别人。

对自己的态度：不卑不亢

如果有人问你做人最佳的态度是什么？我想我给出的答案是不卑不亢。这是我的做人原则，也应该是每个人的做人原则。

人要在世上立足，需要的是自强自立，而不是依附他人。即使想结交比自己更强的人物，也要有所选择。并保持自己做人的原则。而且，任何真正的强者都是靠自己的独立奋斗立足。所以，他们欣赏那些和自己一样的人，鄙弃那些没有原则，没有正确人生态度的人。

如果你不能表现真实的自我，为了让别人满意不得不装模作样，扮演违心的角色，在强者面前卑躬屈膝地接受他们的施舍，那么第一个牺牲品就是你自己，你也不会赢得别人的信任和喜爱。

从前，有一只老鼠生了一个漂亮的女儿，总想让女儿嫁给一个有权势的人物。

它看到太阳很伟大，就巴结太阳说："太阳啊！你多么伟岸、能干，万物没有你，根本就无法生存。我想请求您，就娶我漂亮的女儿做妻子吧！"

太阳客气地回答："我不行，因为乌云能遮住我。你就把女儿嫁给乌云吧！"

于是，老鼠又去找乌云，说："乌云啊！你的本领神通广大，我真的非常敬慕你！你就娶我的女儿做妻子吧！"

乌云说："不行，我的本事还比不上风呢！风一吹，我就被吹跑了。"

老鼠一听，原来风比乌云更有本事，便找到了风。可是，风也紧锁双眉对它说："谁稀罕你的女儿！再说了，我的本领不如墙大，你去找墙吧！"

老鼠又决定去找墙，但墙却哭丧着脸说："我不配做你的女婿。我最怕你们这些老鼠啦！你们一打洞，我就危险了。这一点别人不了解，难道你不清楚吗？"

老鼠一想，墙怕老鼠，老鼠又怕谁呢？它忽然想起了祖宗的古训：老鼠天生是怕猫的。于是，它赶紧去找猫，点头哈腰地说："猫大哥，我总算相中你了。你聪明、能干、有本事、有权威，你就做我的女婿吧！"

猫一听，倒是爽快地答应了："太好了！就把你的女儿嫁给我吧。最好今晚成亲！"

老鼠一听，感到猫大哥真不愧是有魅力、有作为的男子汉，心想总算给女儿找到了一位如意郎君。它喜滋滋地跑回家去，大声对女儿说："我终于给你找到好靠山了！猫大哥最有权势，你可以一辈子享福了！"

当晚，老鼠就把女儿打扮起来，请来一群老鼠仪仗队，一路上吹吹打打，用花轿把女儿送到了新郎的家里。

猫一看，老鼠新娘来了，不禁喜出望外。等花轿进了门，新娘还没来得及下轿，猫就急不可待地掀开帘子，扑了进去，一口将可爱的新娘吞到了肚里。

人们经常感叹社会不公平，强者总可以占据优越地位，弱者唯有依附强权才有立锥之地。但我们有必要反思一下为什么自己没有勇气表现真实的自我？如果你发现自己常常扮演违心的角色，那么你不要指望别人改变，而要自己拒绝扮演。因为别人不尊重你的人格，总是要求你百依百顺，那是你自己一味忍让的结果。

我身边有一个女子，她的丈夫专横而又冷酷无情，婚后她对丈夫的辱骂和摆布忍气吞声，慢慢地就连她的孩子也对她不尊重。时间长了，她实在受不了家人的折磨，就打算回娘家不再回去，她娘知道了这一情况后，就告诉她不要以为一直屈服于自己的丈夫就可以换回自己可怜的尊严。其实，造成这样的局面，主要是由于她的逆来顺受和忍气吞声。是她，在无意中教会丈夫这样对待她，她必须从自己身上寻求解决问题的方法。

于是，她学会了理直气壮地和丈夫抗争，然后拂袖而去。当孩子对她表现出不尊重的时候，她坚决地要求孩子有礼貌。采取了这种新态度后，家人对她的态度发生了很大的变化，她确实体会到是自己教会别人怎样对待自己的。

言行谨慎，心性懦弱的人以为斩钉截铁、干脆明确地说话和行动将会令人不快，或是蓄意冒犯。其实不然，这样做意味着大胆而自信地表明你的权利和人格，或是声明你有不容侵犯的立场。当你碰到专横跋扈的欺人者时，你更该冷静地指明他们的言行不合情理，是不能接受的。这样你才能获得他们的尊重。

　　在人际交往中，如果你不能表现真实的自我，总是卑躬屈膝的委屈自己，那别人当然就更有理由不把你的尊严放在眼里，那你的真实需求就永远都无法得到满足。如果你还在乎那个真实的自己，那就应该以你自己的真实面目对待他人，为自己的生存争取一席之地。

拿得起，放得下

> 人生看似漫长却很短暂，在拿与放的问题上有些人既
> 拿不起也放不下，所以一生一事无成。有的人拿得起也放得
> 下，所以在短暂的生命路途中，将自己演绎得声色俱佳。

拿得起，放得下的人是有勇气面对自己的人。是能接受选
择与放弃的过程中带给自己痛苦与快乐的人。而不能做到这一
点的人则无法面对自己面临的一切，即使他们知道放弃之后会
有柳暗花明的结果出现，也无法舍弃已经在手的那根稻草。

面对自己，认真思考自己该如何生活、如何为人处世，永
远不嫌太早或太迟。现在就跨出新生活的第一步，对于自己的
过去，大可不必耿耿于怀，是好是坏都已过去，且把它看作过
眼云烟，新的生活才是最需要把握和接纳的。

人不能够一味沉浸在对过去的回忆里，既然当初的选择不是正确的，那就没有必要将自己紧锁在原来的桎梏里，否则就是在浪费生命。选择什么样的生活是你自己的权利，这一点你必须面对，这是别人无法取代的。如果此时此地的生活并不快乐，也不成功，何不勇敢地尝试改变，去另辟蹊径呢？

有的人坚持着"矢志不渝"的态度，守着最初的道路不放。这一点固然值得称赞，但假如这条路根本就没有坚持的必要，那你又何必让自己等待一个毫无意义的结果？而且，固守一处，会使你失去更多的发展机会，失掉可能的成功，聪明人永远都不会让自己这样失败。

蒲松龄曾四次科考落第。当他认清官场黑暗，科考无门时他放弃了"科考"这条路，而选择了著书立说这条人生的道路。他立志要写一部"孤愤之书"。他在压纸的铜尺上镌刻了一副著名的对联，上书：

有志者，事竟成，破釜沉舟，百二秦关终属楚；

苦心人，天不负，卧薪尝胆，三千越甲可吞吴。

蒲松龄以此自敬自勉。后来，他终于写成了一部文学巨著——《聊斋志异》，自己也成了万古流芳的文学家。

蒲松龄虽然科举落第，与仕途无缘，但他找到了成就自己的另一个方向。在这条新开辟的道路上，他取得了成功，也为后人留下了宝贵的精神财富，像他这样的例子在历史上还有很多。

由此可见，人生没有必要在同一个地方等待，勇敢的面对自己，选择你该选择的，放弃你该放弃的，找到你真正的方向，才是你做人该有的原则。否则，一生一事无成，你又该如何面对自己已经空费的一生？

因此，你有时须从新的角度看待自己，面对自己。

法国哲学家、思想家蒙田说过，今天的放弃，正是为了明天的得到。

在这个世界上，为什么有的人活得轻松，而有的人为什么活得沉重？前者是拿得起，放得下；而后者是拿得起，却放不下，所以沉重。

所以，人生最大的包袱不是拿不起来，而是放不下。

一个人在处事中，拿得起是一种勇气，放得下是一种度量。对于人生道路上的鲜花、掌声，聪明人大都能等闲视之，屡经风雨的人更有自知之明。但对于坎坷与泥泞，能以平常之心视之，就非常不容易。大的挫折与大的灾难，能不为之所动，能坦然承受，这则是一种胸襟和度量。

　　生活有时会逼迫你，不得不交出权力，不得不放走机遇，甚至不得不抛弃爱情。你不可能什么都得到，所以，在生活中应该学会放弃，学会面对。

　　苦苦地挽留夕阳的，是傻子；久久地感伤春光的，是蠢人。什么也不愿放弃的人，常会失去更珍贵的东西。

　　只有放得下，才能将该拿得起的东西更好地把握住，从而抓住最重要的东西。只有这样，你的人生才会有一个更好的结局。

先扫一屋再扫天下

> 只想着扫天下而不会在意小事的人是不会面对自己的
> 人，他们给自己的定位太高，却没有看到自己的真实面目。

　　记得我曾对一位朋友说过，一屋不扫何以扫天下？当时那位朋友对我的回应是嗤之以鼻。我知道自己对他说这样的话有悖于他的做人方式，但我一直都坚持这样的原则。因为许多事是息息相通的，在许多小事中往往蕴藏着很多大道理，蕴藏着很多做人做事的方式方法。如果一个人一开始就给自己定义为是扫天下的人，对自己身边的小事不屑一顾，那他就等于放弃了在小事中锻炼自己的机会，当他真正遇到大事时也会失了方寸。

　　加加林能够从众多的宇航员中脱颖而出，成为一个"扫天下的人"，不是因为他比别的宇航员更优秀，而是因为他比别的宇航员更在意小事。他的一个小小的脱鞋进入机舱的动作让宇宙飞船的设计者看到了他的修养，看到了他的人格。所以，加加林成功了，别人却失败了。

在某大型机构的一座雄伟建筑物上，有句感人至深的格言。那句格言是："在此，一切都追求尽善尽美。""追求尽善尽美"值得我们每个人做一生的格言。这是我的原则，如果每个人都能采用这一格言，实行这一格言，决心无论做任何事情，都要竭尽全力，以求得尽善尽美的结果，那么人类的历史也会为之改变。

人类的历史，充满着由于疏忽、畏难、敷衍、偷懒、轻率而造成的可怕惨剧。2000年前，在宾夕法尼亚的奥斯汀镇，因为在筑堤工程中，没有照着设计去筑石基，结果堤岸溃决，全镇都被淹没，无数人死于非命。像这种因工作疏忽而引起悲剧的事实，在我们这片辽阔的土地上，随时都有可能发生。无论什么地方，都有人犯疏忽、敷衍、偷懒的错误。如果每个人都凭着良心做事，并且不怕困难、不半途而废，那么不但可以减少不少人为的惨祸，而且可使每个人都具有高尚的人格。

一个人养成了敷衍了事的恶习后，做起事来就容易不诚实。这样，人们最终必定会轻视他的工作，从而轻视他的人品。粗劣的工作，不但使工作的效能降低，而且还会使人丧失做事的才能。

要实现成功的唯一方法，就是在做事的时候，要抱着非做成不可的决心，要抱着追求尽善尽美的态度。而那些为人类创立新理想、新标准，扛着进步的大旗、为人类创造幸福的人，就是具有这样素质的人。

有人曾经说过："轻率与疏忽所造成的祸患不相上下。"有许多人之所以失败，就是败在做事轻率这一点上。这些人对于自己所做的工作从来不会做到尽善尽美。好像任何事都是为了那一点点微不足道的薪水才值得动一动手，并且还会在心里计算着自己的付出是否超出了自己的所得。这样的人永远都不可能成就大业。

有些青年人，好像不知道职位的晋升，是建立在忠实履行日常工作职责的基础上的，也不知道只有做好目前所做的职业，才能使他们渐渐地获得价值的提升。

有许多人在寻找发挥自己本领的机会，他们常这样问自己："做这种乏味平凡的工作，有什么希望呢？"可是，就是在极其平凡的职业中、极其低微的位置上，往往藏着极大的机会。只有把自己的工作，做得比别人更完美、更迅速、更正确、更专注，调动自己全部的智力，从旧事中找出新方法来，才能引起别人的注意，才能使自己有发挥本领的机会，从而满足心中的愿望。

成就自己需要经过充分的准备，并付出最大的努力。英国著名小说家狄更斯，在没有完全预备好要选读的材料之前，绝不轻易在听众的面前诵读。他的规矩是每日把准备好的材料读一遍，直到6个月以后才读给公众听。

法国著名小说家巴尔扎克有时因为写一页小说，会花上一星期的时间去体验生活并思考。

任何人的伟大，都是因为他们做到了别人不能做到的，却把自己当作不如别人更伟大的人。世界十大首富之一的李嘉诚就是这样的一个人。假如你去拜访他，他不会在办公室等待你的到来，而是站在电梯出口等待你的来访。与客人吃饭时，他不会坐在主人的位子上，让大家依次入座，而是用抽签的方式决定座位，以免尴尬和紧张。细细想来，这就是一个成功人士的扫一屋而扫天下的原则。

我们是再平凡不过的人，没有李嘉诚的成就，甚至连为家人做一些力所能及的事都不曾做过。我们有什么理由把自己看作一个很了不起的扫天下的人？所以，还是面对自己吧，我们没有资格去说自己是一个不扫一屋就可以扫天下的人。

做人、做事要言出必行

　　　世界上没有任何人可以靠夸夸其谈获得成就，任何成
就都需要行动的付出，都需要亲力亲为。这是成就事业的
基础，也是做人的原则。不要妄想没有付出的收获；不要
寄托于无知的空想；那些语言的巨人永远都不值得人们敬
仰。面对自己的时候，不要只看到自己的影子，那个真实
的自己才是最重要的。

　　当哥伦布求学时，偶然读到一本毕达哥拉斯的著作，从中
知道"地球是圆的"的论点，他就牢记在心里。经过长时间地
思索和研究后，他大胆地提出，如果地球真是圆的，他便可以
沿着最短距离的路线到达印度了。

　　自然，许多自认有常识的大学教授和哲学家都对他的想法无法苟同。因为，想向西行驶而到达东方的印度，岂不是痴人说梦话吗？他们告诉他："地球不是圆的，而是平面的。"然后又警告他，若是一直向西航行，他的船将驶到地球的边缘而掉下去，这不等于是自杀吗？

　　然而，哥伦布对这个见解很有自信，只可惜他家境贫寒，没有钱让他实现这个充满冒险意味的计划，他想找个赞助者资助他完成这趟旅程，他等了17年，但最终还是失望了。他决定不再等下去，他打算去拜见皇后伊莎贝尔，那时他已经穷得一路上都得以乞讨糊口。

　　皇后伊莎贝尔十分赞赏他坚持理想的勇气，因此答应赐予他船只，让他去从事这项冒险计划。

　　不过哥伦布又遇上了为难的情况，水手们各个都怕死，没人愿意跟随他去冒险。可是哥伦布哪肯善罢甘休，他鼓起勇气跑到海边，捉了几位水手，先向他们哀求，接着是劝告，最后不得已只好用恐吓手段逼迫他们跟他一同前往。

　　同时，他又请求女皇释放那些狱中的死囚，让死囚们也跟着他一同去探险，并承诺他们如果此次冒险成功，就可以赦免他们的死罪，让他们恢复自由。待一切准备妥当，1492年8月，哥伦布率领三艘帆船，开始了一次划时代的航行。

刚航行几天，就有两艘船沉了，接着又在几百平方公里的海藻中陷入了进退两难的险境。最后，哥伦布亲自下海，拨开海藻，才得以继续航行。

接着，在浩瀚无垠的大西洋中航行了六七十天，也不见陆地的踪影，水手们都绝望极了，他们要求哥伦布立刻返航，说宁愿死在大牢，也不愿命葬辽阔的海洋，若哥伦布执意前进，他们就要把哥伦布杀了。无奈之下，哥伦布只好使出鼓励和高压两种手段，才总算说服了那些实际上非常恐惧的船员们。

也许是天无绝人之路，在继续的航行中，某天，哥伦布忽然看见有一群飞鸟向西南方向飞去，他立即命令船队改变航向，紧跟着这群飞鸟。因为他知道海鸟总是飞向有食物和适于它们生活的地方，所以他预料到附近可能有陆地。

就这样，哥伦布发现了美洲新大陆。

哥伦布最终成了探险英雄，从美洲带回了大量的黄金珠宝，并得到了国王的奖赏，以新大陆的发现者名垂千古，这一切都是行动的结果。

　　一次行动胜于千百次胡思乱想和语言的夸大其词，成就大事的关键在于行动。没有实际的行动，一切的梦想都是空想，所有的豪言壮语都会显得苍白无力。面对自己的人生路，我们都应该正视自己，积极的付诸实践，以实现自己的梦想，永远都不要只说不做。

　　有个落魄的中年人每隔两三天就到教堂祈祷，而且他的祷告词几乎每次都一样："上帝啊，请念在我多年来敬畏您的份儿上，让我中一次彩券吧！阿门。"

　　几天后，他又垂头丧气地回到教堂，同样跪着祈祷："上帝啊，为何不让我中彩券？我愿意更谦卑地来服侍您，求您让我中一次彩券吧！阿门。"又过了几天，他再次出现在教堂，同样重复着他的祈祷。如此周而复始，不间断地祈求着。

　　终于有一次，他就要彻底失去信心了，跪着说："我的上帝，为何您不聆听我的祈求？让我中彩券呢！只要一次，让我解决生活上所有的困难，我愿终身奉献，专心侍奉您。"

　　就在这时，圣坛上空传来一阵宏伟庄严的声音："我一直聆听着你的祷告。可是，最起码，你也该先去买一张彩券吧！"

　　现在你明白为什么这样的人注定不会成就大事了吧？在取得成功前，你必须为实践自己的理想认真努力，抱着一股坚持到底的决心，并且马上行动！而不是只会说，我会怎么样，我会有什么样的成就。

踏实走好每一步

　　俗话说："欲速则不达。"做人做事还需踏实稳重，
步步为营。唯有踏实做事，才能在做的过程中，看清自己的
不足，发现自己的优势，看到一个真实的自己。这样才有利
于把握自己的发展方向，处理好人生路上的各种障碍。

　　传说古代有个叫养由基的人精于射箭，有百步穿杨的本
领，连动物都知晓他的本领。一次，两个猴子抱着柱子，爬上
爬下，玩得很开心。楚王张弓搭箭要去射它们，猴子毫不慌
张，还对人做鬼脸，仍旧蹦跳自如。这时，养由基走过来，接
过了楚王的弓箭，于是，猴子便哭叫着抱在一块儿，害怕得发
抖起来。

　　有一个人很仰慕养由基的射术，决心要拜养由基为师，经几次三番的请求，养由基终于同意了。收他为徒后，养由基交给他一根很细的针，要他放在离眼睛几尺远的地方，整天盯着看针眼，看了两三天，这个学生有点疑惑，问老师说："我是来学射箭的，老师为什么要我干这莫名其妙的事，什么时候教我学射术呀？"养由基说："这就是在学射术，你继续看吧。"这个学生开始表现还好，能继续看下去，可过了几天，他便有些烦了。他心想，我是来学射术的，看针眼能看出什么来呢？这个老师不会是敷衍我吧？于是，经常心存疑虑，便不怎么细心学习了。

　　后来，养由基教他练臂力，让他一天到晚在掌上平端一块石头，伸直手臂。这样做很苦，那个徒弟又想不通了，他想，我只学他的射术，他让我端这石头做什么？于是很不服气，不愿再练。养由基看他不行，就由他去了。后来这个人又跟别的老师学艺，最终没有学到射术，空走了很多地方。

　　其实，如果他能脚踏实地，不好高骛远，甘于从一点一滴做起，他的射术肯定会很精湛，但是他并没有坚持下去，而是抱着急功近利的态度，所以最后只能一事无成。事实证明，想要成功，就需要一步一个脚印，脚踏实地，从最基础的事情做起，为自己的发展打下坚实的基础，就像建造房子一样，只有把基础打扎实了，发展才会迅速，大楼才会盖得既牢固又高大。可是现实中有些人不能清醒的认识到这一点，他们总是对生活抱有侥幸心理，认为不踏实也会有成就。再加上社会上一些污浊空气的熏染，自然就有了一些走捷径的想法，可结果却是害了自己。

　　一位年轻的律师花了一笔资金装修他的事务所。他买了一架豪华的电话机，做最终的装饰。现在这架电话机正漂亮地摆在写字桌上亮相，秘书报告一个顾客来访，对于首位顾客，年轻律师按规矩让他在候客室等了一刻钟。而后让顾客进来时，律师拿起了电话筒，为了给客人更深的印象，他假装回答一通极为重要的电话："可敬的总经理，我已对他说了，我们只是彼此浪费时间罢了……当然，我知道，好的……如果您一定要坚持的话……可是您要明白，低于两千万我不能接受……好，我同意……以后再联络，再见。"他终于挂上了电话，面对那位顾客。而在门口站着不动的顾客，好像非常尴尬。"请问您有什么事？"律师微笑着问这位局促不安的客人。客人犹豫了半晌，低声说："我是技术工人，公司派我来给你接电话线。"

　　这个笑话告诉我们做事急功近利、弄虚作假只会让你的人格受到质疑，在未来的生活中给自己造成许多不必要的麻烦。没有人愿意相信一个不踏实的人，假如你希望得到大多数人的支持，使自己有一定的成就，就应该学会坚持自己踏实的做人原则，真实地表现自己。

诚实守信赢尊重

　　诚实守信是一种高贵的品质，是我们做人时必须坚守的原则。在生活中，它通常包含了负责任、对他人尊重等优秀的美德。有人说诚信是美德的集合体，这种看法虽然有些绝对，却足以证明人们对诚信的重视和期望。

　　前任美国总统亚伯拉罕·林肯小时候当过小店职员，有一次，因为多收了一位顾客一分硬币，不惜徒步走了5公里，把多收的硬币送到了这个顾客的手中。他这种诚实的行为使顾客很受感动，受到了顾客的高度赞赏。林肯也正是以这种诚信的品格赢得了许多美国人民的心。

　　古人说："人无信不立。"信，就是信用、守信，即能够按事先跟人的约定行事。一个人要办成几件事，没有良好的信誉、守信的美德、切合实际的行动是不行的。做人、交友、学习、工作，每时每刻都离不开守信这种美德。

古今中外的许多名人、伟人，他们之所以受到人们的尊重，在事业上有所发展，获得成功，探其原因，他们都具有守信这一品德。可以说，守信是成功的条件，是成功者面对真实的自己的一种表现方式。

宋濂是我国明代一位著名学者。他从小喜爱读书，但家里很穷，上不起学，也没钱买书，只好向人家借，每次借书，他都讲好期限，按时还书，从不违约，所以人们都很乐意把书借给他。

一次，他借到一本书，越读越爱不释手，便决定把它抄下来，可是还书的期限快到了。他只好连夜抄书，时值隆冬腊月，滴水成冰。他母亲说："孩子，都半夜了，这么寒冷，天亮再抄吧，人家又不是等这书看。"但是宋濂却说："不管人家等不等这书看，到期限就要还，这是个信用问题，也是尊重别人的表现。如果说话做事不讲信用，失信于人，怎么可能得到别人的尊重？"于是，他连夜把书抄完了，第二天就把书还给了别人。

还有一次，宋濂要去远方向一位著名学者请教，并约好了见面日期，谁知出发那天下起了鹅毛大雪。当宋濂挑起行李准备上路时，母亲惊讶地说："这样的天气怎能出远门呀？再说，老师那里早已大雪封山了，你这一件旧棉袄，也抵御不住深山的严寒啊！"宋濂说："娘，今不出发就会耽误了拜师的日子，这就失约了；失约，就是对老师不尊重啊。风雪再大，我都得上路。"

当宋濂到达老师家里时，老师不由称赞道："年轻人，守信好学，将来必能成功！"后来，宋濂果然成了著名的散文大家。

古人说："一言既出，驷马难追。"讲的就是一个信字。即讲话一定要严守信用，不食言，对自己所说的话要承担责任和义务，取信于人。所以，对根本做不到的事情，我们不要轻易许诺；而一旦答应别人的事情，就要千方百计、不遗余力地去兑现。当然，如果有的事情经过再三努力还是办不了，则应该向别人诚恳地说明原因，并表示歉意。

另外，生活中的许多事情，都不是一个人能够完成的，需要和许多人协调一致，共同进行，因此，在很多时候都需要大家约定一个时间。然而在现实中，很多人都有不遵守约定时间的坏习惯，而且这样的事例在生活中经常出现。这些小事看起来没有什么了不起，但会给别人带来许多不便。因此，不要人为你的偶尔失约没什么大不了，这些细小的行为会使你的人格大打折扣，会让他人认为你不是一个真实的人、值得信赖的人，久而久之你就会失去别人的信任，也就破坏了自己的人际关系。

不使他人痛苦

> 君子的行为不使他人感到痛苦这句话是英国亨利·纽
> 曼所说的为人处世之道。

因为君子的存在，使每一个人都免受拘谨。君子行事自然
大方，他要时刻留意别人可能遇到的障碍，并设法帮助消除。他
对这一类事情施与的是同情，而不是参与。这种温和、真挚、坦
率、周到、宽容的性情集于一身，人类的理性在他身上焕发出光
彩，是他自己早已在理解到理性的领域后体察入微了。

君子固然以他的品性使事情变得圆满，就像疲倦的时候，
有人施与安乐椅解乏，寒冷的冬天被人移至火炉旁取暖那样恰
到好处。可是没有这些，人们却依然可找到恢复和取暖的方

法。君子品性的好处，更在于为人们把一切意见的冲突协调起来，一切拘束、猜疑、抑郁、愤懑等，都在他的关心下变得微不足道，甚至是消失殆尽。他用同情心关爱着每一个人：

对腼腆的，他便温柔些；

对隔膜的，他便和气些；

对荒唐的，他便宽容些；

总之，正在和自己谈话的人属于什么脾气，他了然于胸。他留意于不合适宜的事情和话题，以免刺伤对方；他更不在交谈中突出自己，令人厌烦；他绝不靠反唇相讥来维护自己，标榜自己的高尚；他不把谎言谬论放在心上，用宽容的心对待他人；他不轻易怪罪一切有损于己的人，对他人的行为言论也善意解释……除非万不得已，他一般不会想到自己。

与人辩论时，他不偏执己意，既不强词夺理，也不好个人意气，以尖酸刻薄的词句做辩论的武器，甚至是不明言他人恶毒的暗示。与他人涉及必然之争时，他用训练有素的头脑抓住要点，绝不像那些聪明但缺乏教养的人所常犯的冒失无礼的错误似的，挥着一把钝刀乱砍一通。辩论的要点常常被那些人弄得本末倒置，而他们对自己的对手并不理解，反而把问题弄得更加复杂。在君子的身上，意见的正确与否本来就无所谓，但凭着他清醒的头脑避免了不公平的误会。在此，我们更加清晰透彻地看到了君子的品行、淳朴与简练。

当他施惠于人时，他尽量把这类事做得很平淡，仿佛他自己是受者而非施者。他心平气和，不以受辱为意；他志行高远，不以积怨为念，仇人也是他异日争取的目标。他有自己明确的方向和坚定的目标，所以他无暇顾及敌意。他耐心隐忍、逆来顺受，以他的哲理为根据——痛苦不可避免。他甘愿吃苦，他甘愿孤独，命运终要降临，他也甘愿面对死亡。

美国独立战争结束后，对于军队的转化问题成了整个国家的重中之重。在这个问题上，华盛顿的态度成了很关键的因素。在这个重大的历史关头，当华盛顿知道自己的决定将意味着什么时，为了不给大多数人造成不必要的麻烦，他平静地说："他们该回家了。"这样书写的时候，将军没有一点儿犹豫。但他的内心是何等的痛苦和歉疚，只有他自己能体会到。他知道他欠了那些和他出生入死的将士什么，他的决定对于他们是多么残酷。

他的做法就是，以个人在8年的浴血奋战中积攒起来的全部威望和信誉，去申请大家的谅解。那一天，他步履沉重地迈

下检阅台，为国家实现最后的一项军事目标：解散军队。当他
面对自己的士兵时，他的命令成了恳求。他对自己的士兵们唯
有用心灵表示感激。当士兵们齐刷刷地向后转时，他再也忍不
住了，泪水顺着他的脸颊流了下来。

　　一个决定就这样实现了，没有吵闹，没有喧哗和牢骚，
更没有动乱。正直的第一代美国大兵就这样依循这位统帅的路
线，两手空空地回家去了。当然华盛顿也决意和士兵一样，把
战时国家赋予的权力归还国家。在他辞行的时候，在场的每一
个人都流泪了。

　　个人、权力、军队、政府、国家……这些在政治舞台上纠
缠不清的问题就这样被这位伟大的任务给予澄清和定位，并在
法律上给予明确的界限。

　　5年之后，当国家再次需要他的时候，他被迫结束了自己
的田园生活。连任两届后，他又毅然决然地放弃了他的政治生
涯，重新回到了自己的田园生活。这就是一个真正的君子的所
作所为，在他的一生中，他做到了他该做的一切，他坚守了做
人的原则，坚守了一个真实的自己。

任何时候，那些光辉的名字都不会因为历史的久远而失去光彩。君子以克己之利成就他人，就是不原让别人感到自己的存在给他人造成压力，不愿让别人痛苦。在成就别人的同时，他为自己赢得了世人的尊重，获得了无上的光荣。

不义而富且贵，于我如浮云

每个人的内心都会有对自己行为的判断能力。不义之财即使在你手里，也不会让你安心舒适，你总会在某一天面对自己的时候受到良心的谴责，逃不掉心灵的严厉叩问。作为一个有一定基础和条件，能在不义的基础上捞到不义之财的人而言，谨记这一原则就更显重要。

我国的教育家孔子说："疏食饮水，曲肱而枕，乐在其中矣。不义而富且贵，于我如浮云。"这是孔子的做人原则，但也应该成为我们做人的原则。

在中国香港，李嘉诚是个神话。有港人的地方，就有李嘉诚的名字；或者现在说，有华人足迹的地方，就会有李嘉诚的名字。他名噪一时，这不仅仅是因为他是这个星球上最富有的人之一，还因为，在香港，他创下华资财团吞并外资财团的先例，他是华人入主英资财团的第一人。

当他旗下的长实集团以6.93亿港元的资产，成功地控制了价值50亿港元的老牌英资财团——和记黄浦有限公司的时候，香港舆论界对李嘉诚的成功，形容为"蛇吞大象""石破天惊"。不过，在李嘉诚看来，英国人不是大象，中国人也不是蛇。他说："一生之中，我还没有强得收购过一家公司。到今天为止，我所收购的公司，都是友好的，大家好商量的。"

1958年，当他在香港建立了世界上最大的塑胶花工厂，并被誉为"塑胶花大王"的时候，人们谈到了李嘉诚；1979年，当"长实"集团超过英资财团"置地"，成为香港最大的地产集团时，人们谈到了李嘉诚；1984年，当老牌英资怡和财团宣布迁册百慕大，而他宣布"'长实'决不迁册""所属公司都在香港注册"时，人们谈到李嘉诚；当李嘉诚私人捐资十几亿港元兴建汕头大学时，人们依然在谈着李嘉诚；2001年，当美国《福布斯》杂志在最新全球富豪排名榜上，将他评为"亚洲首富"及"全球华人首富"时，人们谈论着李嘉诚。毫无疑问，在以后的岁月中，人们还会时常谈起这个名字，他的一生因富有传奇色彩而显得如此吸引人。少小离乡，幼年丧父；从一无所有，赤手空拳，到30岁成为千万富翁，而今李嘉诚的商业帝国遍及全世界几十个国家。然而，想要通过文字准确地记载下他却绝不是一件易事。这并不是因为他难以接近，或者说守口如瓶。恰恰相反，关于他的传记和文章很容易就搜寻得到，然而，对于那些关于他耳熟能详，至今尚在人们口头，或是通过书面流传的故事，人们有时会有所怀疑，李嘉诚真实的人性如何？

因为，这世上刻苦努力之人成千上万，多少白手起家者将李嘉诚奉为楷模，然而这位华人首富能有今日成就，绝非仅仅是因为勤奋，他靠什么？李嘉诚援引《论语》说："不义而富且贵，于我如浮云。"

时至今日，社会环境已与多年前李嘉诚奋斗时有很多不同，有人为了成功可以不择手段，李嘉诚却说，"绝不同意为了成功而不择手段，即使侥幸略有所得，亦必不能长久，如俗语说'刻薄成家，理无久享'"。

对于像李嘉诚这样的成功者而言，勤奋无疑是基本而必要的，然而，世上刻苦努力的人成千上万，取得巨大成功的却终

是少数，对于梦想成功的人，李嘉诚娓娓道来："除勤奋外，
要节俭（只对自己，不是对人吝啬）；此外还要建立良好的信
誉和诚恳的人际关系；具判断能力亦是事业成功的重要条件，
凡事要充分了解及详细研究，掌握准确资料，自然能作出适当
的判断。"

中国几千年的商业文化，宣扬的都是一个"奸"字，然
而，对于这位30岁即凭自己努力成为豪富的人来说，商人最重
要的素质却是信。

其实，李嘉诚事业上的"信"与他对人的"诚"是分不开
的，而诚信相合，即为"义"。这一点，他属下的员工感触颇深。

在李嘉诚的公司里，曾经有一个工作了10多年的中级会
计，因为患了青光眼，而没有办法继续工作，此时公司规定限
度的医疗费用都已用完了，人生压力之大，可想而知。李嘉诚
知道后，说了两句话："第一，我再支持你去看病；第二，不
知道你太太的工作是否稳定，如果是她不稳定的话，可以来这
里工作，我可以担保她一份稳定的工作。你太太有一个稳定的
工作，你就不用担心收入和生活了。"后来，那位患病的会计
接受了医生的建议，到新西兰去退休。事情本来应该过去了，

然而难能可贵的是，多年来，每当李嘉诚在报章上看到有关治疗青光眼方面的文章，就会叫下属把那些文章寄往新西兰，寄给那位患有青光眼的会计，看看他知道不知道这个消息，知不知道这些新的治疗方法。那个会计的全家都很感动，他的孩子们都很小，可能还不到10岁，但是孩子们自己手画了一个祝福卡，送给李先生，一张薄薄的卡片，说的却是一个大写的"人"字。

如果说，从对子女的教育上，最能看出一个人的为人和心中的想法。李嘉诚说："以往百分之九十九教两个儿子做人道理，现在有时会谈论生意，约三分之一谈生意，三分之二教他们做人道理。因为世情才是大学问，我年纪小的时候，已知道应认识那些人和长幼之序，如何教导'给予'才是大学问。世界每一个人都精明，要令人家心服和喜欢与你交往，那才是重要。我经常教导他们，一生之中，即使有多十倍资金都不足以应付那么多的生意，而且很多是别人主动找自己。世界金融波动随时会发生，要时常提防，最重要教导他们要守信。对人守信用，朋友之间有义气。今日而言，也许很多人未必相信，但实在我觉得'义'字，是终身用得着的。"

　　工作了60年，李嘉诚在处理家庭和事业的关系过程中也没有脱离了"义"。在谈到这个问题时，他说："家庭、事业之间的冲突是有的，因时间不足，极难兼收并蓄，良好安排是重要艺术之一。"在谈及如何看待爱情、亲情、感情这一话题的时候，李嘉诚说，"互相爱恋、情投意合还不够，互相了解、互相体谅、和谐相处才是最重要。亲情是与生俱来，感情是要培养，但亦要讲缘分。"在他与夫人携手走过的岁月里，点点滴滴都充满了相濡以沫的浓情厚意，夫人故去后，李嘉诚的周围不乏年轻美女的示爱，但李嘉诚始终没有续弦。

　　我想，李嘉诚的成功不是源于他有多么好的头脑，而是因为他有别人无法企及的为人高度。正如中国的那句古话："小赢靠智，大赢靠德。"可以说李嘉诚的一生就验证了这一句话的正确性。

第三章

低调做人

做人、做事要低调

　　　　低调是一种显示为柔弱，但是比刚强更有力的生存策略，犹如海之内敛与狂傲兼具，火之温柔与勇猛并存。低调的人表面上常常给人一种懦弱的感觉，但低调绝不是懦弱的标志，而是聪明持久的象征。因为只有低调，才能成大事，铸就辉煌。

　　曾经看见这样一个故事，说的是两只大雁与一只青蛙结成了朋友。秋天来了，大雁要飞回南方，它们希望青蛙与其一道飞上天，青蛙灵机一动：让两只大雁衔住一根树枝，然后自己用嘴衔在树枝中间，三个好朋友一起飞上了天。地上的青蛙们都羡慕地拍手叫绝，问：“是谁这么聪明？”那只青蛙只怕错过了表现自己的机会，于是大声说："这是我……"话还没说完，青蛙便从空中狠狠地摔下去了。

这个故事在许多人眼里仅仅是一个笑话，仅仅可以让人在偶尔的紧张工作之余舒展一下紧绷的神经。但在我看来它却可以教给我做人的道理，那就是低调，是一种能够面对真实的自我时该有的生存智慧。

在多数人眼里，低调的生活态度是没有远大理想、目光短浅、精神颓废、缺乏自信的表现，事实上低调不是精神颓废，颓废的人没有追求和理想，面对生活的不幸缺乏必要的意志来改变自己的命运。而在低调者看来，苦难与不幸只是生命航程中必不可少的风景，他们能够清醒的面对自己和客观环境，并能够在遭遇风浪时知道低头让步，确保自己有再次起立的机会。低调的人也不缺乏自信，只是对自己有一个清醒的认识，不愿为时过早地轻易下结论，不愿对事情的发展进行盲目乐观的估测。

低调者首先放弃显耀自己，不愿将自己强于人的方面表现出来，这是对其他人的一种尊重，对不如自己的人的一种理解。低调的人相信：给别人让一条路，就是给自己留一条路。

我们应该保持低调，低调是正确认识自己的自知之明，是一种诗意栖居的智慧，是一种优雅的人生态度。生活中，人们似乎总想寻觅一份永恒的快乐与幸福，总希望自己的付出能够得到相应的回报，然而生活并不像我们想的那样顺畅，当你的努力被现实击碎，当你的心灵逐渐由充满激情走向麻木的时候，你感受到的可能只是深深的苦闷与失望，然而，在低调者看来这只是生活对自己的一次拷问。

低调的人比一般人经历更少痛苦的原因在于他们知道如何避免失败，他们不会用种种负面的假设去证明自己的正确，只会让事实证明自己的理论。总之，低调是一种优雅的气质，是一种高尚人格的再现。保持低调，是对生存智慧的正确运用，唯其如此，我们才能真正享受生存的快乐。

我们说的低调，实际上是指在条件不成熟时，潜心努力，积蓄能量，蓄势待发。决不会盲目行动，暴露自己的目标，让自己的计划在还未成熟时就夭折于众人的枪口之下。这样的低调，是摒弃浮躁，沉入生活的底层，返璞归真，实实在在地做人，勤勤恳恳地做事。

山不拒垒土而高，水不择细流而广。低调做人是一个人在面对真实的自己时，能容人之不能容，忍人之不能忍，成己之博大的宽阔胸怀。所以，低调不是懦弱，不是退缩，不是颓废，而是大智者能面对真实的自己的一种勇气。

锋芒不要太露

> 人应该有一点锋芒，但不要太显示你的锋芒。因为，
> 假如你没有一点锋芒，那么你会被压在最低层，没有一点
> 儿破土而出的机会。假如你锋芒太露，就有可能被当作靶
> 子来打，也不会有什么好的结局。

我们做事的时候要扎扎实实地尽力做好，但不要搞得沸沸扬扬，唯恐没有人知道你在做这件事。做人要低调一些，做事要考虑别人的感受。在同事需要关心的时候尽心尽力，在工作上该出力的时候全力以赴，才是聪明的表现。而那些见缝插针、一有机会就刻意表现自己的人，没有认识到自己的微不足道，会给人一种矫揉造作的感觉，得不到大家的喜欢。

有的人做出了点儿成绩，总是喜欢在同事面前谈论，甚

至还借此来贬低别人，以此来显示自己的优越性。这种做法是最愚蠢的，你是怎样的人，你做事怎么样，大家心知肚明。即使你思路敏捷，口若悬河，说得再好也不会改变你在同事心中的印象，只会让人感到厌恶，他们也不会接受你的任何观点和建议。总想让别人知道自己很有能力，处处想显示自己的优越感，希望从而获得他人的敬佩和认可，结果却失去了在同事中的威信，这样做恰恰显示的是你人性中最薄弱的一面。

不可否认，自我表现是人类天性中最主要的特点，每个人都希望展现自己美好的一面。人类喜欢表现自己就像孔雀喜欢炫耀美丽的羽毛一样正常。但前提是，你所表现的是真实的美，就好比孔雀开屏一样，人们不会说孔雀在炫耀自己，因为那是真正的美，而刻意的自我表现会使热忱变得虚伪，自然变得做作，最终的效果还不如不表现。因此，人们把那种过于自我表现的人讥讽为"老孔雀"。很多人在跟同事们聊天时，总喜欢以自己为中心，凸显自己，这是完全没有必要的。

恰当、自然、真实地展现你的能力和才华值得赞赏，但刻意地自我表现则是最愚蠢的。卡耐基曾指出，如果我们只是要在别人面前表现自己，使别人对我们感兴趣，我们将永远不会有许多真实而诚挚的朋友。在职场，要想与众不同，得到同事的肯定和老板的赏识，的确需要适当表现自己的能力，让同事和上司看到你的过人之处。但很多人往往陷入这样的误区，那就是在错误的时间和地点表现自己，不知什么是收敛，结果往往在职场竞争中输得莫名其妙。可以说同事之间处在一种隐性的竞争关系之下，如果一味地刻意表现，不仅得不到同事的好感，反而会引起大家的排斥和敌意。一个聪明的人在成功地做完一件事时会谦虚地说："功劳是大家的。"一个蹩脚的人在成功地做完一件事时会炫耀自己一个人完成了多么艰巨的任务。

在竞争日益激烈的社会，表现自己，使自己获得一份好的工作和丰厚的回报是无可厚非的。表现自己的时候，态度一定要诚恳。特别是在众多同事面前，如果只有你一个人表现得特殊、积极，往往会被人认为是故意推销自己，常常会得不偿失。当然，除了在得意之时不要张扬外，即使在失意的时候，也不能在公开场合下向其他人诉说别人的种种不对。而最好的选择就是，与大多数人保持一致，然后适当地表现自己。

锋芒是一个人拼搏于世的利器，是你危难时的护身符，却不是用来彰显自己的摆设。假如一定要拿着它来显示你的富有，那你就是一个拿着珍珠当石头的人，你的锋芒也就在你彰显的时候失去了该有的作用。

藏而不露、大智若愚

人应该学会聪明，学会生存之道。但不是学小聪明，
小聪明的人能聪明一时而不能聪明一世。大智若愚，似愚
实智，表面上糊涂的人，不计一时的得失却能聪明一世，
明哲保身，始终立于不败之地。

清代的郑板桥在自己奋斗了一生即将离去之时，留下了"难
得糊涂"这一名训，是因为他深刻参透了人生的哲学，明白了人
生的无奈。但仔细品味，它却可以成为我们的醒世警言。

糊涂与清醒是相对应的。在人性的丛林里，我们必须时刻保
持清醒。清醒于自己的实力，清醒于他人的人性。糊涂则需要我
们在清醒的基础上，保持低调的做人方式，而不是自作聪明。自
以为聪明的人往往不得善终，而真正大智大慧的人，表面上都似

乎有点"愚",却是"才"不外露,暗藏机宜的高手。

《三国演义》中有一段"曹操煮酒论英雄"的故事。当时刘备落难投靠曹操,曹操很真诚地接待了刘备。刘备住在许都,以衣带诏签名后,为防曹操谋害,就在后园种菜,亲自浇灌,以此迷惑曹操,放松对自己的注视。一日,曹操约刘备入府饮酒,谈起以龙状人,议论谁为世之英雄。刘备点遍袁术、袁绍、刘表、孙策、刘璋、张绣、张鲁、韩遂,均被曹操——贬低。曹操指出英雄的标准——"胸怀大志,腹有良谋,有包藏宇宙之机,吞吐天地之志"。刘备问:"谁人当之?"曹操说,只有刘备与他才是。刘备本以韬晦之计栖身许都,被曹操点破是英雄后,竟吓得把匙箸也丢落在地下,恰好当时大雨将到,雷声大作。刘备从容地俯拾匙箸,并说"一震之威,乃至于此",巧妙地将自己的慌乱掩饰过去,从而也避免了一场劫数。刘备在煮酒论英雄的对答中是非常聪明的。

刘备藏而不露,人前不夸张、显炫、吹牛、自大、装聋作哑,不把自己算进"英雄"之列,这办法是很让人放心的。他的种菜、他的数英雄,把自己的大智以巧妙的方式遮掩,为自己赢得了宝贵的战机。所以,刘备是一个似愚实智者。

老子曾讲:"良贾深藏若虚,君子盛德容貌若愚。"即善

于做生意的商人，总是隐藏其宝货，不令人轻易见之；而君子
之人，品德高尚，而容貌却显得愚笨。其深意是告诫人们，过
分炫耀自己的能力，将欲望或精力不加节制地滥用，是毫无益
处的。

中国旧时的店铺里，在店面是不陈列贵重的货物的，店
主总是把它们收藏起来。只有遇到有钱又识货的人，才告诉他
们好东西在里面。倘若随便将上等商品摆放在明面上，岂有贼
不惦记之理。不仅是商品，人的才能也是如此。俗话说"满招
损，谦受益"，才华出众而又喜欢自我炫耀的人，必然会招致
别人的反感，吃大亏而不自知。所以，无论才能有多高，都要
善于隐匿，做一个大智若愚者。

有的人之所以无知到自作聪明，全是因为他们没有意识
到真实的自我存在的这种喜欢自我炫耀的劣根性。过分相信自
己，就是因为这毛病，他们时常在无意中因抓住对方的缺点或
错误而没加遮拦地加以指出，以显示自己的出众，却在无意之
中暴露了自己的隐秘。

有一段话说：大智者，穷极万物深妙之理，究尽生灵之
性，故其灵台明朗，不蒙蔽其心，做事皆合乎道与义，不自夸
其智，不露其才，不批评他人之长短，通达事理，凡事逆来

顺受，不骄不馁，看其外表，恰似愚人一样。好自夸其才，必
容易得罪于人；好批评他人之长短者，必容易招人之怨，此
乃智者所不为也。故智者退藏其智，表面似愚，实则非愚也，
谁都不识其智耳。所以学智不难，若古心精研而修之，则可得
其智，但学愚则难也。因世人均有好名之心理，均有好夸之行
为，故"愚"难学也。孔夫子曰："大智若愚，其智可及也，
其愚不可及也。"

　　所以，我们应该让自己有一点儿别人无法企及的愚的样
子，做一个似愚实智者。

人不可太聪明

　　　一个人不能不聪明，也不能太聪明。不聪明的人容易一辈子活在地狱里，太聪明的人则容易从天堂掉到地狱里。相对于那个一直在地狱里生活的人，那个从天堂掉到地狱里的人似乎更惨，因为很多人都无法承受这样的心理落差。

　　年轻的华裔斯蒂芬·赵可谓功成名就，他从哈佛毕业后就在好莱坞施展宏图，不久便显露峥嵘，飞黄腾达，到36岁时已成为福克斯电视台的总经理。然而，没过多久，赵的顺风船便触礁了。在一次由总裁鲁伯特·迈都克主持的公司高层人士的会议上，当赵就新闻检查发表演说时，他别出心裁地安排一位演员在一旁脱衣以表现新闻检查的良好效果。可没想到这一做法使董事们怒不可遏，迈都克只好将他解聘。

为什么精明如斯蒂芬·赵的人也会做出如此蠢事?那是因为聪明人一旦不能面对真实的自我时也会付出代价，甚至会付出更大的代价。

约翰·桑诺智商颇高并常以此炫人。这位好战的新罕布什尔前州长和白宫办公室主任在国会里频频树敌，却又不愿斡旋化解。桑诺曾轻慢过密西西比的参议员洛特，挪揄他"不足挂齿"，可洛特后来成为共和党参议员主席，桑诺不免大为尴尬。

高智商的桑诺甚至做出一些无异于政治自杀的蠢事，他使用军用飞机以个人名义到处视察，结果触犯众怒。可当他正需要人出面为之辩说时却后院起火，以往受够了桑诺呵斥的手下人纷纷倒戈，落井下石，桑诺的政治生命毁于一旦。

任何人都要清楚地看到自己的优势和劣势，即使你在某一领域显露出的才华并不能确保你在其他方面也很成功。许多高智商者往往无视自己的劣势，总认为自己在某一领域显露出的才华可以一俊遮百丑。当事实证明了这种意念的错误性时，说不定就已成了难以挽回的结局。

维克多·加姆是哈佛商学院的毕业生，靠推销小电器挣了百万之巨。1988年，加姆买下了"新英格兰爱国者球队"，可要经营一个人事纷杂的足球队与推销电动剃须刀完全是两码事。果然，加姆接手后球队就频频失利，随后又因球员对一名女记者的性骚扰而闹得沸沸扬扬，球队因此声名大跌，等到加姆从中脱身时，他已经赔进了几百万。

那些卓有成就的人士和真正聪明的成功者都能明了这些失误所蕴含的教训。他们乐于倾听他人意见，善于在别人的建议里看清自己的缺陷，绝不自以为是。他们能与各种各样的人打交道，绝不画地为牢；他们遇事深思熟虑，也深知自己才智的限度。

山姆·沃尔顿就是这样一位真正的商业才子。这位以5美元起家而到如今拥有550亿美元的沃尔玛王国的商界大亨，从不满足于待在他的公司总部里，而是坐着他的飞机到各地去考察他的那些为数众多的连锁店，他能耐心倾听各种各样的"同事"(他称雇员为"同事")们的意见，甚至常常亲自站柜台，将商品装在购物袋里递给顾客。

沃尔顿的谦卑即是他善于面对自己的最好解释，而这种解释也恰好诠释了他的成功。这世界没有不成功的人，只有不会面对真实的自我的人，自认聪明的人。

认识自己，换位思考

　　以己之心度人，换位思考，这是我们做人时必须要做
到的，否则很容易一败涂地。自我的低调，可以帮助别人
树立必胜的信念，并在同时帮助你的成功。你认识了那个
真实的自己就会明白别人需要什么，当你给予了别人需要
的东西时，那就意味着你的成功。

　　有一个人寿保险公司的推销员，曾多次向一位客户推销保
险，但任凭他磨破了嘴皮，跑烂了皮鞋，客户就是不买他的账。
但就在最近，他听说那位客户投保了另一家保险公司，而且数额
不小。推销员百思不得其解，这是为什么呢?原来在他第一次向

客户推销不成时，他临离开时说了一句表示决心的话："我将来一定会说服你的。"而那位客户也回敬了一句："不，你做不到——毫无希望！"推销员就这样失去了一笔大生意。

明人陆绍珩说，人心都是好胜的，我也以好胜之心应对对方，事情非失败不可。人都是喜欢对方谦和的，我以谦和的态度对待别人，就能把事情处理好。这就是人性的普遍性。

无论是推销商品，还是说服人做某事，我们都要记着这个原则。我们要让别人同意自己，就要考虑到对方和我们一样，有好胜的愿望，有受到尊重的需求，有需要顾全的脸面。如果不考虑到这些，失败就永远都是必然的。

有一个汽车推销员，很少能成功地卖出汽车，他很喜欢和人争执。如果一位未来的买主对他出售的汽车说三道四的话，他就会恼怒地截住对方的话头，与对方辩论。每次他都能把对方驳得哑口无言，但同时，他也没有能卖给对方一点儿东西。为什么？你将他的理由击得漏洞百出，你觉得很好，他则觉得自尊受到伤害，他要反对你的胜利。这就是失败的原因。

富兰克林说过，如果你辩论、争强、反对，你或许有时获得胜利，但这胜利是空洞的，因为你永不能得到对方的好感。

　　在你进行辩论时，你或许是对的；但在改变对方的思维上来说，你将毫无所得，一如你错了一样。

　　你要让对方同意你，你就要谦和。千万不要一上来就宣称："我要证明什么什么给你看。"那等于是说："我比你聪明，我要让你改变想法。"我国古代触龙说赵太后的故事，就是一个以谦和说服人的例子，至今仍有积极意义，值得我们学习借鉴。

　　在战国时代，赵惠文王死了，孝成王年幼，由母亲赵太后掌权。秦国乘机攻赵，赵国向齐国求援。齐国说，一定要让长安君到齐国作人质，齐国才能发兵。长安君是赵太后宠爱的小儿子，太后不让去，大臣们劝谏，赵太后生气了，说："再有劝让长安君去齐国的，老妇我就要往他脸上吐唾沫！"左师触龙偏在这时候求见赵太后，赵太后怒气冲冲地等着他。触龙慢慢地走到太后面前，说："臣的脚有毛病，不能快跑，请原谅。很久没有来见您，但我常挂念着太后的身体，今天特意来看看您。"太后说："我也是靠着车子代步的。"触龙说："每天饮食大概没有减少吧？"太后说："用些粥罢了。"这样拉着家常，太后脸色缓和了许多。触龙说："我的儿子年小才疏，我年老了，很疼爱他，希望能让他当个王宫的卫士，我冒死禀告太后。"太后说："可以，多大了？"触龙说："十五岁，希望在我死之前把他托付了。"太后问："男人也疼爱自己的小儿子吗？"触龙说："比女人还厉害。"太后笑着说："女人才是最厉害的。"这时，触龙慢慢地把话头转向长安君的事，对太后说，父母疼爱儿子就要替他打算得很远。真正疼爱长安君，就要让他为国建立功勋，不然一旦"山陵崩"(婉言太后逝世)，长安君靠什么在赵国立足呢?太后听了，说："好，长安君就听凭你安排吧。"

触龙很懂得说服人的法。他谦和，善解人意，在整个谈话过程中，避免与太后正面冲突。他站在太后的角度替太后着想，让自己的意见变成太后自己的看法。他没有教给太后什么，而是帮助太后自己去发现。最终使看似不可理喻的太后同意了自己的意见。

我们都是平凡人，所以，无论做什么事都不要把自己凌驾于他人之上。给予他人建议时一定要换位思考，低调一点儿，这样，我们就可以取得应有的成效。

为人处世留三分

> 话不要说满，事不要做绝。谨慎处世，小心做人。怀
> 一种自谦心理，认识到自己的渺小，你才有可能在社会的
> 风浪中平稳航行。

做任何事都需要有一定的限度，在这个限度之内，你期望
的结果才会出现。不在这个限度之内，结果当然就会有很大的
出入。为人处世就是需要我们学会去把握这个限度。做在这个
限度之内允许的事情，并使结果达到我们预期的目的。为人处
世之所以要留三分就是为了把握一个限度。

路经窄处，让一步予人行；滋味浓时，减三分让人尝。

古希腊神话里有这样一个传说：太阳神阿波罗的儿子法厄

同驾起装饰豪华的太阳车横冲直撞，恣意驰骋。当他来到一处悬崖峭壁上时，恰好与月亮车相遇。月亮车正欲掉头退回时，法厄同倚仗太阳车辕粗力大的优势，一直逼到月亮车的尾部，不给对方留下一点儿回旋的余地。正当法厄同看着难以自保的月亮车而幸灾乐祸时，他自己的太阳车也走到了绝路上，连掉转车头的余地也没有了。向前进一步是危险，向后退一步是灾难，最后终于万般无奈地葬身火海。

人生一世，千万不要使自己的思维和言行沿着某一固定的方向发展，直到极端，而应在发展过程中冷静地认识、判断各种可能发生的事情，以便能有足够的回旋余地来采取机动的应对措施。

宋朝时，有一位精通《易经》的大哲学家邵康节，与当时的著名理学家程颢、程颐是表兄弟，同时和苏东坡也有往来，但二程和苏东坡一向不睦。

邵康节病得很重的时候，二程弟兄在病榻前照顾。这时外面有人来探病，程氏兄弟问明来的人是苏东坡后，就吩咐下去，不要让苏东坡进来。

躺在床上的邵康节，此时已经不能再说话了，他就举起一双手来，比成一个缺口的样子。程氏兄弟有点纳闷，不明白他做出这个手势来是什么意思。

　　不久，邵康节喘过一口气来，说："把眼前的路留宽一点儿，好让后来的人走走。"说完，他就咽气了。

　　邵康节的话是很有道理的，因为事物是复杂多变的，任何人都不能凭着自己的主观臆断，来判定事情的最终结果。对于每个人的人生来说，更是浮沉不定，常常难以自料。

　　少对人说绝话，多给人留余地，这样做其实并不是仅仅为对方考虑、对对方有益的，更是为自己考虑、对自己有益的。因为我们都知道我们的能力是有限的，这就需要与人合作。如果什么事都做得过火，必将给自己留下隐患，堵死自己的退路。认识到这一点就认识了自我。

　　俗话说："三十年河东，三十年河西。"在社会发展日新月异的当今时代，人情世事的变化速度无疑更快，社会生存的空间也变得越来越小，用不了"三十年"就可能发生此消彼长的变化，人们相互间更是"低头不见抬头见"。如果把话说得太满，把事做得太绝，将来一旦发生了不利于自己的变化，就难有回旋的余地了。所以，认识自己仅有的那一点儿微薄之力，低调做人是我们明智的选择。

得意不要忘形

> 做事成功了，当然可以得意。但要切记：得意却不可
> 忘形，保持清醒的头脑在什么时候都是必要的，尤其是在
> 得意时。

你经过了坚苦卓绝的奋斗，流血流汗，取得了成功。因
为你成功的花儿是用你的汗水浇灌出来的，所以，你尽可以振
臂欢呼，庆祝自己的胜利。这个时候，你可以跳跃，你可以放
声大笑，你可以放声高歌，你怎么做都不过分，因为你是在享
受自己成功的时刻。但是，你唯一不能做的就是得意忘形。因
为，这次的成功毕竟只是一次成功，离你做事的目标还很远很
远；你所完成的，不过是你做事的一个短期目标，你需要在更
远的地方创造生命的奇迹。假如你在此停留了，忘形了，你就

将失去更好的欢呼胜利的机会。真实的你总不会希望是这种结局吧？

所以，一个人如果只是因为暂时的成功就得意的忘乎所以，以为自己从此就可以运天地于掌握之中，这种行为就叫浅薄，叫不自知。更何况，注视着你的，不光是跟你一起奋斗的人，还有其他人，其他不相干的人，这其中也包括着可能正在失意的人。

一次，一个人因为晋升了高级职称，约了几个朋友在一起吃饭庆祝。或许是因为年少得志，或许是被胜利冲昏了头脑，或许是因为多喝了几杯，这位老兄就在酒桌上大谈特谈自己成功的经验，大谈特谈自己的才华是如何地出众，能力是多么地强于别人。这些，不是不可以谈，但他忘记了同桌有一个屡试不第的老范进，评了五六次职称，年年都是名落孙山，眼看着胡子一大把了，却仍然和那些嘴上没长几根毛的小伙子一起参评。为这件事情，妻子隔三岔五地数落他，骂他没出息，没本事，没能耐，总之是什么难听、什么能刺伤他就骂他什么，而且就连离婚都已提上了议事日程。你想，在这种情景下，他能听得下去吗？所以，没喝几杯，他就借故离开了，弄得一桌人不欢而散。过后，有些朋友就说那位晋升了高级职称的老兄不够朋友，明知道有老范进在座，却大谈特谈什么自己的成功之道，且得意之色溢于言表，未免太残忍了一些。好端端的一件喜事，最后却弄成这样，这恐怕出乎请客者的意料。

所以，不管你是新近升了官、发了财，还是你的公司这两天又接了大生意，或者是你在股市上又狠赚了一笔，等等，你尽可以高兴、得意，但切记不要忘形。你不妨告诫自己，距离真正的成功，我还差得远着呢！

一位质朴的农夫，在田里拾到一个非常脏的卢布。有人对他说："只要你情愿，我们就用三大把五分的硬币跟你调换。""不!"农夫想，"我一定要让你们出价更高。如果我略施小计，你们会争着抢着出大价钱来买哩!"于是，他找来了铅粉、树皮和砂纸，先把金卢布在砖上磨着，再用树皮刮着，然后用砂纸和铅粉擦着。最后，金卢布变得金光闪亮，可是却没有人要，因为它的重量减轻了，价值也降低了。

有时，我们在不知不觉中也向这位质朴的老农看齐，容易得意忘形。却不知在得意忘形时，我们已迷失了自我，也让自己的成功贬值到一文不值，珍贵的东西永远都不时拿来给别人看的，我们要学会珍视自己的成功。

我们有必要拜人为师

> 我们不能否认自己有胜过于人的能力。但也要知道自己
> 的不足，在他人面前不要喜欢当老师，而要学会当学生。

托玛斯·杰斐逊是美国第三任总统，他曾经说："每个人都是你的老师。"这是杰斐逊最著名的一句名言。

1743年，杰斐逊出生在一个经济富裕的家庭。他父亲是军中的一名上将，母亲则出身于名门世家。不论是从家世背景还是从受教育程度来看，他都属于社会的上层人士。当时的贵族对一般民众除了发号施令之外，很少与他们交谈。但杰斐逊却不管这一套，他常常和家中的园丁、用人、餐厅里的服务生们都能轻松、愉快地交谈。

　　能使人轻松、愉快地和你交谈绝对是一门高深的学问，千万别低估它的价值。杰斐逊有一次对法国伟人拉法叶特说："你必须像我一样到一般的民众家里去坐一坐，看一看他们的菜碗，尝一尝他们吃的面包。只有你这样做了，你才能理解他们不满的原因，并且懂得正在酝酿中的法国革命其中的深刻意义了。"

　　在哈佛大学这个人文荟萃之地，每一个人身上都有一些值得别人学习的地方。因此，杰斐逊"向每个人学习"的论点是颇受哈佛师生推崇的。

　　一位哈佛大学的教授指出："杰斐逊总统的勇气和理想主义是建筑在知识之上的。"在他生活的时代里，他知道得几乎比任何人都多。据说，他在很年轻时就能够解释太阳和星球的运动，并能绘制房屋设计图、训练马匹、拉小提琴等。

　　杰斐逊有着无穷的潜力和精力，他着手过创造发明的研究，写过书，发表新的见解并开创了多个领域中的人类活动的新纪元。他还是一位农业专家、考古学家和医学家。他用来试验作物的轮种法和土地肥沃保护法，要比美国社会正式推行早了整整一个世纪。他还发明了一架比当时更为先进且完善的犁具，他影响了整个美国的建筑业。他经常会制造出一些能方便人们日常生活的设备。人们对他发明的许多小机器，都如数家珍，如一架能誊写重要文件的机器、一个能同时标示室内和户外气温的温度计、一张圆转桌和许多其他东西。

1796年，杰斐逊成了美国哲学界的领袖，这对创立注重自由和进步的美国哲学流派提供了很大帮助。这一流派里包括了好几位伟人：一位是著名作家汤姆斯·潘恩；另一位是本杰明·拉什博士，他对心理学做出了杰出的贡献；还有一位是发现氧的约瑟·普里斯特利。他们这些人一致公认杰斐逊是他们的领袖，因为他对他们研究的范围无一不通晓。

熟悉他的人写道："杰斐逊外表看来似乎不像总统，倒更像是一位哲学家，他爱好质朴的哲学。在他参加宣誓就任总统的典礼时，他一人独自骑马前去，自己把马拴在栏杆上，然后再去参加典礼。他痛恨'阁下'这一称呼，而坚持让人叫他杰斐逊先生。他的身高有七英尺，体格十分强壮，但他的衣服好像总是太小了。他随意地坐在朋友们中间，脸上带着开朗的笑容，整个人就是一副轻松闲适的样子。人们常说，无论他走到哪里，就会把那种不拘礼节的作风带到哪里。"

　　在杰斐逊所有的才能中，有一样是最主要的，即他的写作才能绝不逊于任何一位优秀的作家。他的著作共有50多卷，已再版多次。当1776年在费城需要起草《独立宣言》时，他的写作天赋很快就被发现，担负起起草《独立宣言》这一重任。一直以来，千百万人为他的话语所振奋着，毫无疑问，杰斐逊渊博的知识和他谦虚的好学精神是分不开的。

　　我们周围有很多人都可以做我们的老师，当你无法解决一个难题时，一定要请教，不要把自我看得太重要，不要忘了你的成绩才是你立足的资本。你的请教不是抬高了别人，而是抬高了别人和你自己，因为你的请教证明了你的谦虚和谦恭，同时也证明了别人的博学。这样两全其美的事何乐而不为？

把别人放在第一位

> 我们需要重视他人的感受，而让自己低调一点儿，这样所得的结果是我们得到了他人的尊重和肯定，赢得了最好的人际关系。

当我们面对那个真实的自己时，我们会很清楚的知道，我们都有自尊感，希望自己在外貌、学识、地位等方面得到他人的肯定或承认。那么我们也应该在此基础上看到别人的需要，把别人放在第一位，重视他人的感受，满足他人的自尊感，在交往中我们不妨多说："你的字写得真漂亮，能教教我吗……" "唉！等我到您这个年龄，能有您成就的一半就不错了……"当我们在照顾到他人的自尊感时，会得到意外的收获。

爱默生说："我遇到的每一个人都在某方面强于我，因此，我向他们学习。"

然而不幸的是，有些人常常会将自己放在第一位，喜欢凭借一点儿可怜的成绩，时时令人作呕地做些哗众取宠的事情，并由此巩固着自我主义。所以莎士比亚也有一句话说："……骄傲的世人掌握到暂时的权力，便忘记了自己的琉璃易碎的本来面目……装扮出种种丑恶的怪相，使天上的神明也因为怜悯他们的痴愚而流泪。"

蒸汽机车的发明者斯蒂芬孙，是矿工出身。年轻时，他向美丽而富有的贝蒂小姐写过一封求婚信，信中写道："我没有钱，出身穷苦，并且我的一个叔叔上吊自杀了……"这封求婚信有点像对"旧社会"的血泪控诉，而且似乎有弦外之音："我配不上你！"有意思的是，心中有爱的贝蒂小姐似乎并不在意他的这些，反而激发了她那颗少女的心，她迫不及待地表白了自己与他"其实有许多共同语言"，信中写道："我出身也不高贵，钱也不多，虽然没有亲人上吊，可是小猫刚从屋顶上摔下来……"不久，他们便幸福地结合了。史蒂芬逊的信满足了贝蒂小姐的自尊感，他收获了一份美满幸福的爱情。

满足一个人的自尊感是一个智者的做法，在生活中的我们需要这种自尊，别人同样也需要，当我们看到自己的这种需要时，我们就应该想到别人的这种需求，不要任意践踏别人的这种需要，把自己凌驾在他人之上。这是一种愚蠢的表现，既伤害了别人，也会阻挡了自己的路，而换一种方式与人相处，你也许会有意想不到的收获。

一位律师开车到长岛拜访他妻子的亲戚。妻子让他和一位年老的阿姨聊天，自己则去拜访一些年轻的亲戚。那位老人一个人独住，非常孤独，那位律师便想找一些话题让老人开心，于是他环顾了一下房间，寻找可以让自己真诚赞美的地方。

"这所房子大概是在1890年建造的吧？"他问道。"是的，"她回答道，"正是那年建造的。""它让我想起了我出生的房子。"律师说，"那是一所很漂亮的房子。您知道，那时候的房子都很宽敞，但现在人们不再盖那样的房子了。""对，"老人表示同意，"现在的年轻人也看不上那种漂亮房子。他们只喜欢住小公寓，然后开着车出去兜风。""这是一间梦幻小屋，"她柔声回忆道，"它是用爱筑成的。在此之前，我和丈夫梦想了好几年，我们没有用建筑师，完全都是自己设计的。”

　　她带着律师参观各个房间，并展示了自己在旅游时购买的各类珍品。参观过房间后，她带他来到了车库。在那里，一辆帕克德牌轿车静静地停放在木制的车库里……完好如初。然后对他说，这辆车归他所有。

　　“为什么？阿姨？”律师说，“您太抬举我了。感谢您的慷慨，但我绝不能接受。我甚至不是您真正的亲戚，而且我自己有一辆新车，您可以把它送给其他喜欢帕克德牌轿车的亲戚。”“亲戚！”老人叫道，“那些亲戚都想等着我死了好得到这辆车，但是他们永远也得不到。”“如果您不愿意给他们，可以把它卖给一个二手车商，那很容易。”律师又建议。“卖掉它！”老人大叫道，“你认为我会卖掉它吗？你认为我可以忍受陌生人在大街上开着我丈夫送给我的车吗？我做梦也没想过要这样做。我要把它送给你，因为你懂得欣赏美好的东西。”律师虽然试图推辞，却担心伤害老人的感情，最后只得收下了。

　　这位老夫人孤独地住在一所大房子里，身边只有法国古玩儿和对过去的回忆，她渴望得到对她的重视。她曾经年轻漂亮并广受欢迎，曾经用爱筑起温暖的小屋，并从欧洲带回美丽的东西将它装饰一新。现在，当孤独的晚年来临时，她渴望得到人性的温暖和真诚的赞美，却没有一个人愿意慷慨地给予。当她终于找到了这个人，就像从冬天的沙漠中走向了温暖的春天，那种感激之情竟无法充分表达，只有将自己珍爱的轿车赠予他。

　　我们是这个世界的一分子，具有人性中共有的优缺点，把自己真实的那一面看清时，也就看清了他人的那一面。我们自己需要尊重，别人也不例外。

第四章

只要你想，你就快乐

只要你想，你就快乐

> 庄子曰：条鱼出游从容，是鱼之乐也。惠子曰：子非
> 鱼，安知鱼之乐？庄子曰：子非我，安知我不知鱼之乐？
> 惠子曰：我非子，固不知子矣，子固非鱼也，子之不知鱼
> 之乐，全矣。庄子曰：请循其本，子曰：汝安知鱼乐云
> 者，既已知吾知之而问我，我知之濠上也。

伟大的中国古典文化曾经就这样辉煌地照耀过历史的天空。如今，在那些自作聪明、自以为是的现代人眼里，它似乎正在灰飞烟灭，似乎早已过时，根本不值得我们抱残守缺。即使是那些学者，对它也只有怀旧与考古的兴趣，很少有人注意到，它对于人类生活的重要性。

佛洛伊德说，快乐是一种虚构。马斯洛不同意佛洛伊德的

看法，他认为，所谓快乐就是有良好理由的痛苦，因为在战胜痛苦之后，就能够赢得苦尽甘来的快乐。但他又说，在经历了短暂的快乐之后，我们就必须准备好接受无法避免的失望。他认为，人类只能永无休止地寻求越来越大的快乐。

如果人类只能永无休止地寻求越来越大的快乐，那就说明人类没有办法让快乐长时间停留。与此相反，一旦你不去寻求快乐，那么你就只能让自己长时间地停留在痛苦中。痛苦是如此真实而深刻，快乐却是如此虚幻而浅薄，以至于寻欢作乐（马斯洛把它分类为低级的寻欢作乐和高级的寻欢作乐）成了人类欲罢不能的选择。更有甚者，犹如吸毒者和他们对毒品的需求一样，人类的痛苦也越来越大，以至于他们只能永无休止地需求着越来越大的快乐。马斯洛并没有推翻佛洛伊德的理论，恰恰相反，他证明了佛洛伊德的理论。

所以，你在佛洛伊德那里找不到真正的快乐，在弗洛姆那里找不到真正的快乐，在马斯洛那里也找不到真正的快乐。他们在试图用一种逻辑结构来理解快乐，他们希望通过一种推理来获得快乐，但他们失败了。唯一不同的是，佛洛伊德承认了自己的失败，马斯洛却在坚持屡败屡战。

事实上，快乐不需要理论，快乐只需要方向。如果你的方向错了，如果你在南辕北辙，给你再多的理论也无济于事。理论是狡猾的，它在试图用逻辑和推理来证明某种自作聪明的错觉。理论是狭隘的、封闭的，就像一条公路，你只能通过它到达一个既定的地点。如果那个地点不叫快乐，你就只能继续前行，直到公路的尽头。但是，如果你能够在路边休憩一会儿，看一看远处的山岚，闻一闻花儿的香味，你会忽然明白什么是快乐，所谓"踏破铁鞋无觅处，得来全不费工夫"，说的就是这个意思。

快乐一直都在那里，一直都在给你暗示，只要你能够安静一会儿，就能够奇迹般地发现它。在中国，这种发现被称之为"悟"，这个"悟"字，左边一个直心，右边一个吾。吾者，我也。它的意思是说，从心灵中才能发现你的真我。真我是你的宝藏，而你的快乐就在那里。

老子是一位"悟"者，他后来成了中国神仙文化中的太上老君。庄子也是一位"悟"者，他后来也成了中国神仙文化中的南华真人。

发现快乐

> 罗丹说过，生活中从不缺少美，而是缺少发现美的眼
> 睛。我想快乐是否也可以套用罗丹的话？许多人认为自己
> 活得并不快乐，那是因为他没有一颗发现快乐的心，没有
> 机会珍视自己拥有过的快乐，而是一味地强求许多还没有
> 得到的东西，而且一直以为只有得到了才会快乐。

请大家不要忘记，快乐是你内心真实的感受。外物的满足
只是你快乐的索引，却不是真正的原因。

"当我站在山顶，看着落日在不远处的山峦斜挂，听着耳
边阵阵的松涛声，我简直快乐得要哭出来了，我从没想到能够
站在山顶是这样快乐！"朋友告诉我时，眼睛仍闪着亮光，在
他多年的生命中，这一个发现，似乎比发现一笔宝藏还让人快
乐，"因为我发现了自己的能力，发现了自己禀赋的潜能，发

现了新的乐趣……""我想人生中许多的发现，都能带来类似的喜悦，像婴儿的第一句话语，新学会的一首歌，或是刚学会的技艺……"这一种由内在的意愿而化成事实的振奋，实在是人性中最宝贵的东西，每一个人都曾有过这样的感觉。

　　发现内心的自我，而发展成自我的人格，是一个人内心成长的过程。儿童由于心智尚未成熟，必须从不断地赞美与肯定中得到鼓励。别人的赞美与批评都是外在的因素，我们不能永远依赖外来的评判来了解自己，只有自己的探索、发现才能接近真正的自我。一个成长的人，越能明白自己的优缺点，越不会受外界的干扰，也越能明白内心的世界，而能控制自己的喜乐，脱离了童稚的依赖心理，心智才能成熟快乐。

　　对于写作的人而言，在创造的过程中，许多沉思与煎熬，通过心灵的整理，而使之结晶呈现，这就是自己能感到的最大的快乐。其他的工作与文学创作一样，有源至心灵的佳作，也有勉强凑成的败笔。去芜求精，在不断地探索与努力中获得成就，自己便是第一个领略到这种快乐的人，也是真正感受到快乐的人。别人的赞美、批评，其实都是外在的因素，真正最了解自己优缺点的，还是自己。人类在追求圆熟通达的过程中，必然会有许多失望，在这不快乐的背后，正是快乐的源头。能丢弃一些否定的、

消极的感受，才能有空间去接纳新的发现。快乐的最大秘诀是，
"做自己最爱做的事，而不是去跟随别人、模仿别人。"

　　美国内华达州的一所中学曾在入学考试时出过这样一道
题目：比尔·盖茨的办公桌上有5只带锁的抽屉，里面风别装
着财富、兴趣、幸福、荣誉、成功。而比尔·盖茨总带着一把
钥匙，而把其他的四把锁在抽屉里，请问他每次只带哪一把
钥匙？其他的四把锁在哪一只或哪几只抽屉里？有一位聪明
的同学在美国麦迪逊中学的网页上看到了比尔·盖茨给该校的
回信，他说："在你最感兴趣的事物上，隐藏着你人生的秘
密。"这无疑是正确的答案。

　　是的，一个人假如可以在他喜欢的事物中耗费精力，就一
定可以在那件事物中发现别人无法发现的秘密，并从中获得别
人无法拥有的快乐。因为在整个过程中，那个真实的自我在成
就中被承认了存在的价值，得到了满足。

　　发现，不断地发现自己的内心世界，也同时能与自己的内
心对谈交流。善待自己的短处，让自己有机会有空间去接纳更
多的机会，能明白自己内心的需求，这个感觉，化成行动，成
了事实，就是内心充实快乐。

点滴的快乐便是真快乐

　　生活的日历总是在平凡的点滴中写就。不要寄希望于你哪天可以拥有突如其来的财富，艳色可人的娇娘，世界顶级的名车，独一无二的豪宅。生活的现实与你的真实同样存在，同样没有天上掉馅饼的可能。就算是掉了也不会砸在你的头上。感受点滴存在的快乐是你可以改变生活态度和生活心情的唯一可能，你的心是快乐的源泉。

　　有一位并不快乐的爸爸问女儿："你快乐吗？"女儿回答说："快乐。"迷惑不解的爸爸说："那什么是你快乐呢？"女儿天真地说："比如现在，我们都吃完了晚饭，你陪我在楼顶看星星，我感觉很快乐。妈妈给我铺好床被，在我的被窝里放上我喜欢的布娃娃，我就感觉很快乐。只要是我能感觉到你和妈妈的关怀，我就很快乐。"迷惑的爸爸一下就很清楚自己不快乐的原因了。

　　其实，这些都是生活中的小事，甚至显得没有一丝波澜。谁也无心在意这些小事，可是能够以一颗快乐的心去感受生活的人总能发现快乐，那些儿时遥远的记忆曾经使我们快乐。可是长大以后的我们就没有可以快乐的理由了吗？那些藏在细节中的感动，同样可以给我们人生满足感的体验，给我们快乐啊。而我们不能感受到那些快乐是因为我们要的太多，还是我们的感觉系统随着岁月的流逝变得不再敏感了？我们什么时候变得如此悲观了？

　　其实，只要我们用心，我们会发现那些快乐总缠绕在我们周围。有这样一个故事：一个欲离婚的女子对自己每天的锁碎生活厌恶至极，但她一直对其外祖母的生活感到好奇，因为，她外祖母一直生活得很快乐。有一天，她终于忍不住翻开了外祖母的日记，令她惊讶的是他的外祖母在日记里记录了外祖父为她洗过多少衣服，吻过她多少次，洗过多少次脚……字里行间充满了拥有时的快乐和对生活无私赠予的感激，她由此找到了自己不快乐的原因。

生活是由一件件小事串联而成的，在每一个点滴的记录中都融汇着快乐的音符，只需用心弹奏就会流动出美妙的乐声。品味生活应该多回忆一些快乐的事，因为生活毕竟不是只有鲜花，时时充满阳光的。那些阴雨的日子也会常来打搅我们的生活。如果我们总是记得那些阴云密布的日子，哪里还有快乐可言。

一滴水可以照见太阳的光辉，品味生活的快乐应该从小事着眼。不要因为别人只给了你一句关怀就很快忘记，不要因为别人只是给你送过一束鲜花，就在鲜花凋谢的时候忘记了他对你的祝福。再小的关怀都是他人内心的牵挂，再少的祝福都是他人对你真诚的想念。我们要做一个懂得记住好处的人，在受到别人的爱的示意时，不妨也把你的爱给予别人，与别人做一个看似等价的交换。那么快乐会在这不经意的交换中成倍增长，你的内心也会因为在点滴的给予中得到丰厚的回报。

永远都不要等待那突如其来的快乐从天而降，等待的途中你会错过人生最美丽的风景，说不定你也会因为无休止的等待消磨掉让自己感受快乐的器官。生活中那些点滴的快乐是你就可以抓住的，也可以锻炼你接受快乐的能力。给生活应有的回报，你就是快乐的天使。

播种快乐才能感受真实的快乐

坦荡之心会让我们成为感受快乐的客体，我们的仁爱
友善行为使他这个快乐主体快乐洋溢，快乐将无保留地投
射到我们这个客体身上。

当我们尝试去播种快乐的时候，将会发现快乐是可以创造
出来的。因为快乐是我们真实的需要，所以我们需要去创造快
乐。他人是我们感受快乐的主体，当我们做了对他人有益的事
情，对方会快乐，这种快乐自然会感染我们，让我们感受到真
实存在的快乐。就如同我们通过努力登上了山顶，一道美丽的
风景展现在眼前，我们感受着这种美，心里的无尽喜悦是无法
言传的。

新加坡的国宝级人物——许哲，1994年就已经96岁了。有一

天下午，她去看那些她照顾的老人。到7点多时，天已经黑了，她准备回家，从一个老人家里出来，经过一位她曾经照顾过的106岁的老婆婆的家，发现婆婆的房门开了一个缝，里面黑黑的。她觉得很奇怪，心想：如果人不在家，房门应该是关上的；如果有人在家，为什么不开灯？

　　于是，她推门进去，看见老婆婆躺在地上，满地都是粪便，味道很难闻。

　　"婆婆，你为什么躺在地上？"许哲关心地问。

　　"我已跌倒三天了，爬不起来。"老婆婆说。

　　许哲赶紧扶起老婆婆，拿水喂她喝，帮老婆婆洗净身子，换上干净的衣服，然后到外面买了一碗稀饭给老婆婆吃。老婆婆抓起碗就不停地喝，很急地喝。随后，许哲叫了救护车，要送老婆婆到医院。可老婆婆不愿意去医院，说："人家到医院是去死的，所以我不要去"。许哲就说："婆婆，我们去游车河。"婆婆高兴地说："好呀，好呀！"这样，老婆婆上了救护车就睡着了，到了医院还是继续睡。许哲帮老婆婆办好住院手续后，老婆婆醒来，不让许哲走，她便留在医院陪伴老婆婆，握着老婆婆的手，一直到夜晚10点半才回去。第二天一早8点多，许哲又赶到医院探望老婆婆，却发现床上躺着另一个人，就去问护士："我的朋友呢？"护士小姐告诉她："老婆婆凌晨两点多已经去世了，她走得很平静、很安详。"

许哲听了，心里感到很欣慰。"她一辈子都是一个人，而且不停地工作还是不够吃，最后几个钟头有人拉她的手，给她洗得干干净净的才死，死时还有人在旁边照顾她，我很欣慰，也很感激。"许哲说："这个人给了我一份礼物，就是在死前让我拉她的手，这个故事让我永远记得。"

许哲用温暖的爱心，陪伴着老婆婆安详地离开人世。许哲感受到的是由衷的快乐，这是许哲长寿的秘诀，当你真的做到了用心给予别人关怀的时候，你的快乐就是真实的。

美国马萨诸塞大学医学院的卡罗琳·施瓦茨及同事对2016人进行了调查和分析，这些人要回答他们每隔多久会"关爱他人"和"倾听"，以及每隔多久他们会得到同样的关心。研究后发现，帮助别人比接受帮助更有益于精神健康。研究人员说，乐于助人的人，可能较少关注自己内心的焦虑和沮丧，或者更善于从符合精神健康的角度来看待自己的烦恼。

有人问许哲："为什么能一心一意地照顾别人，完全不想自己？"她轻描淡写地回答："我照顾别人，有许多人也会照顾我；如果我只照顾自己，就只有一个人（我自己）会照顾我。"

孔子说"仁者不忧"、"不仁者，不可以久处约，不可以长处乐"。我们播种快乐的习惯是仁者的习惯，自然就可以长处乐境啊！所以创造快乐的主动权就在我们自己手中，只要我们去主动创造，快乐将永无止境。真实的我们需要快乐，你就去播种快乐吧。

快乐是因为痛苦的存在

　　快乐是因为痛苦的存在，没有痛苦就没有快乐，这是
事物的相对性。我们会因为感受到了痛苦的存在才会对快
乐倍加珍惜。面对真实的自我，我们就会知道那些生活中
的快乐和痛苦是我们成熟的催化剂。可是，我们总希望快
乐相伴，痛苦远离。习惯于将痛苦拒之门外，殊不知拒绝
痛苦的时候就拒绝了快乐。

　　一位著名的作家因为患病瘫痪在床，形同植物人，那些感
觉神经也因为病魔的袭击几乎丧失了传导功能，只是有时会像
一个魔鬼突然降临，传导他在没有感觉时也同样存在的痛楚。
每当这时他的妻子就会为他所受的痛苦伤心欲绝。而他却会在

饱受折磨之后微笑着告诉妻子："能够感受到痛苦的折磨是我最大的快乐，因为我可以在痛苦时证明自己还活着。"这便是一个伟大的人面对自己的痛苦时的心态。与他相比我们该是多么幸运、多么值得高兴啊！

人生中我们无法确切的定义痛苦和快乐。如果真的要说的话，快乐应该说是一种精神的东西，当我们个体的自我需求得到满足后，便会在心理上产生快乐的感觉，而这种感觉只是一种心理状态，一种舒服的，自在的自我心理状态。

快乐，大多是由某种物质或事物所引起的。你可以说快乐很简单，也可说快乐很复杂，而其关键在于我们会用怎样的心态来看待它。

同样的事物，今天可以让我们感到快乐。随着环境和时间的变迁，还有自我需求的转变，就未必会再给我们快乐了。也许有时甚至会引起我们的厌烦和躲避。

同一样事物，对他人来说可以引起他的快乐，但是对你来说也许引起的只是痛苦。

在我们的内心世界，自我需求会根据外界的事物和环境的转变而做出相应的转变。人生中，很多事物其实都能引起我们的快乐，重要的是我们要懂得选择找寻快乐的根源。我们只有正确的树立好那些作为快乐原因的目标事物，并且愿意努力去实现它们，才能真正享受到快乐的感觉。

快乐有时就在你心灵触动的一瞬间。快乐有时就在你懂得区分追求和放手的那一瞬间。

痛苦是从哪里来的呢？痛苦和快乐一样全来自于我们的精神对事物的分解后的状态表现。当一件事物发生后，个体自我的精神把它理解为快乐，那么，此事物对你来说就是快乐。若把它理解成痛苦，那么此事物对你来说就是痛苦。

生活中，有些痛苦产生后，你若是换个角度去看待和调整心态的话，你就会发现，其实，事实并非是你当初理解的那样痛苦。痛苦不是永恒的，今天让你痛苦的，明天也许就不再让你痛苦。还有一些痛苦会让你更深一层地去探索真理，会让你醒悟、感悟，会让你收益无限。

你可以认为这种自我内心调节是种阿Q精神。但是，你不能否认懂得自我内心调节会给你带来快乐的感觉。这是你面对自我时，让自己快乐起来的唯一方法。事物中，你现在看到的是痛苦，但是在另一面你也许会看到快乐。

快乐令人向往愉悦，痛苦令人害怕逃避。避苦趋乐的人性使人们往往本能地追逐快乐，视痛苦为洪水猛兽。但快乐总是浮而浅的，只有痛苦是深刻的！事实上，快乐不是浮而浅的，除非那是为了逃避痛苦而暂时获得的解脱的快感；痛苦是深刻的，但是深刻的痛苦却可以带来更加深刻的快乐。

真实的我不拒绝痛苦，因为我渴望痛苦伴着的快乐。

不要苛求自己

> 你只有在自己力所能及的范围内干好你自己的事业，
> 才会从中获得快乐。太过苛求自己，不仅自己不会快乐还
> 会给别人带来痛苦。

有的人会因为对自己太过苛求，而能力又无法达到而痛苦
不堪，这是对真实的自己的一种践踏和侮辱。你需要明确地知
道你是一个有多大能力的人，你可以根据你自己的能力确定你
达到的目标，而不是去建一座人生的海市蜃楼。

有一位朋友很是要强，她总是怕别人看不起。考大学那年
因为过分地担心自己考不好，就整天开夜车，由于体力不支，
结果临近考试时病倒了。参加工作后，自己事事积极，结果会

在大多数时候好心办坏事，往往屡屡被辞。等结婚之后又发现自己的老公不能给自己更好的生活基础，与老公闹离婚。在她的生活中，那些快乐似乎离她很远很远，永远都触不到边。而我的另一位朋友却总是一副波澜不惊的样子。考大学时，别人都急得睡不好觉，她却睡得比谁都安心。问她为什么没有一点儿着急的迹象，她大大咧咧地说："急也没用，反正该学的我也学了，考成什么样子就什么样子呗。"结果她超常发挥，快乐地走进了自己梦寐以求的大学校门。工作之后，别人劝她找找领导，安排一个更好的岗位，她却没有丝毫动向，但自己活得很开心。结婚时，别人都挑来挑去的，生怕误了一生，她却找了一个很普通的人，可是，他待她很好，而且不到5年，他们通过自己的奋斗，有了该有的一切。她的不苛求给了她无尽的快乐。

生活中的许多事不是我们能够左右的。对自己太过苛求只会增加自己的心理压力，使自己难得开心颜。与其没有快乐地活着，倒不如对任何事都不要在意，只是尽心尽力就可以了，结果如何我们可以不去在意。真实的自我能够在整个过程中感受到快乐就是最好的回报。

　　所以，不要去苛求自己，承认你是一个有血有肉的、真实存在的人。你有你渴盼的快乐，你有你真实的感觉。没有必要去否定这一切，试想一个人连这一点都无法做到，那他还如何去宽容别人、善待周围的一切？

　　曾经有一个公司招聘女助理，经过层层筛选。最后剩下两个水平相当的人。这时老板决定加试统一题目视情况决定取舍。题目是：假如公司有紧急情况需要你马上与客户沟通，但恰好在前一天，一直与你热恋的男友提出与你分手，你的心情坏到极点。面对这样的情况你该怎么做？

　　甲不加思索地回答道："我会排除一切杂念，把公司的事先处理好。"而乙却说："我想我会先请一天假，因为我的精神状态很差，我需要时间来调整自己。"

　　听完她们的答复后，老板当场就决定录用乙，并对困惑不解的甲说："你的答案虽然很完美，但却不真实。因为人是有理性的，情感方面的因素不可能不影响到工作。相比之下，乙的答复更加人性化，没有矫揉造作的成分。我们的公司需要的是这种有理性、能够正视自己的员工。"

　　我们都不是机器人，我们有自己的情感。在日常的生活中那些苦乐滋味都会给我们的生活带来各种影响。如果你真的快乐了，才会将自己的事情处理妥当。对自己要求得太苛刻，看起来是一种自尊、积极向上的表现，却不是最好的做法。这就像是放风筝，拉得太紧，风筝的线会断，松紧适当，风筝才会飞得高，飞得远。我们的生命都是有限的，能够让自己在这有限的生命里创造成绩固然可喜，但拥有快乐也未尝不是一件值得庆幸的事。

　　人不要对自己说，别人有的我也一定要有。有些东西，别人有的，你永远都不会有。所以，还是少要求一些，不要活得那么累，快乐着才是最重要的，才是你真实的需要。

第五章

没什么不可能

坚信自己是最好的

　　　　世界上没有完美无缺的事物，我们都有着这样或那样
　的缺陷，当我们面对真实的自我时，我们完全可以为了自
　己拥有的一切优点欢呼，当然，看到自己的缺点时也没必
　要怨天尤人，悦纳自己并努力让自己完善，才是我们对待
　生活的最佳态度。

　　有一个学生长相平平，自己觉得很失望，于是，自卑感非
常强。为了改变这个学生，老师和其他同学约好，每天有一个
人送给她一束花，并不断赞美她。

　　此后，班里每天有一个学生送给她一束花，并赞美这个女
生如何如何美。时间一长，这个女生真的相信自己很美，自卑

感荡然无存，脸上的微笑也多了起来。由于自信在她的心里扎根，她就真的变成了一个自信的美女。

每个人都是上帝的杰作，都是世界的很多之中的唯一。有史以来，亿万人曾经生活在地球上，但从来未曾有过，也将永远不再会有第二个你。人应有自恋情结，对自己心存爱慕之情。只有喜欢自己，悦纳自己，你才能喜欢他人，悦纳他人。我们现在的一切结果皆源于自己的内心。

索菲亚自己承认她自己并不美，她的嘴很大，面部长相平平，但别人之所以看她美，她之所以会在事业上取得巨大的成功，首先是她自我感觉好，对自己充满信心，相信自己很美。

禅学里有个苏东坡与佛印的公案。有一天，苏东坡和佛印辩论，他问佛印："你看我像什么？"佛印看了看东坡，回答说："像个佛。"苏东坡又问佛印："你知道在我眼中，你看起来像什么？"佛印笑着问他："你看我像什么？"苏东坡说："你看起来像堆牛粪！"佛印笑而不答。苏东坡很得意地以为他赢了，回家告诉苏小妹："今天我终于辩赢佛印了。"苏东坡把事情的经过告诉了妹妹。聪慧的小妹听完后对哥哥说："你还是输了。佛印因为心中有佛，所以他看你像个佛。"当然下面的话她就不用再说了。你自己的心里有一个美好而自信的自己，那你就是自信而美好的。否则，你就是丑陋自卑的。

莎士比亚在《哈姆雷特》中赞美人类："人类是一件多么了不起的杰作！多么高贵的理性！多么伟大的力量！多么优美的外表！多么文雅的举动！在行为上多么像一个天使！在智慧上多么像一个天神！宇宙的精华！万物的灵长！

生存在现代社会里，要把自己经营得很好，第一项必备的绝技就是自信的建立。

曾经看过这样一个寓言说，有一只兔子长了三只耳朵，因而在同伴中备受嘲讽戏弄，大家都说他是怪物，不肯跟他玩。为此，三耳兔很是悲伤，时常暗自哭泣。

有一天，他终于做了决定，把那一只多出来的耳朵忍痛割掉了，于是，他就和大家一模一样，也不再遭受排挤，他感到快乐极了。

时隔不久，他因为游玩而进了另一座森林。天啊！那边的兔子竟然全部都是三只耳朵，跟他以前一样！但由于他已少了一只耳朵，所以，这座森林里的兔子们也嫌弃他，不理他，他只好快快地离开了。从此，他领悟到一个真理:只要和别人不一样的，就是错!

这个寓言提醒了人们，现代人的自信就如同这只兔子一样，相当薄弱，对很多事也有太多担心，因此经常处于不快乐中。事实上，这皆起因于自我认知的不足。

前些年一部电影《宋氏王朝》，讲述宋家三姐妹蔼龄、庆龄与美龄的故事，姑且不论其历史真实性与批判性如何，倒是对其中三姐妹的一句话感到相当震撼。她们说的是:"我们将来一定要做一个不平凡的人。"而且她们最后都实现了自己的梦。

一个人应该有悦纳自己的勇气，坚信自己可以实现自己的梦。

其实你没有那么笨

> 任何一个人向着成功进发的路，都不会是完全笔直的，都要走些弯路，都要为成功付出代价，这代价就是失败。如果你认为自己很笨，不能成功，那你就注定是一个失败者，而且是一种做人的失败。世界上人与人之间的差距不会有多远，远的是人与人之间的观念。成功的人也许是聪明，但真实的你也不笨。

对于一个能够面对真实的自己的人而言，失败是下一次成功的开始，而对一个无法面对真实的自己的人而言，失败也许就成了他一生的负累，事实上，失败了不等于你就永远失去了再次站立的机会，任何成功都不可能只经历一次或几次的失败就可以逆转航向。当我们失败了的时候，我们需要在面对失败的同时面对自己的渴望，有时不妨重新找一下路的出口，也许成功就会在不远的地方出现。

有一位股票投资者，做了十多年股民。由大户室做到中户室，由中户室做到了散户大厅，到最后连散户大厅也不去了，因为他"不玩股票了"。

他之所以"王小二过年，一年不如一年"的原因，就在于他的心态。据他后来说，他买的任何一种股票，其实都可以赚钱，甚至可以赚大钱，但他总是赔钱出来。原因在于，他买了一只股票，没过多久就上涨了，但他舍不得将其抛出，想着既然涨着我干吗要卖，说不定还能再涨个十块八块的。的确，他买的股票有涨十块八块的，但他还不抛出，心想说不定还能再涨二十三十的。确实也有如他的愿的，可他还不抛出。但股票市场，有上涨必然就有下跌。股票开始下跌了，他仍赚着钱，但他还不会卖出，原因是既然我六十都没有卖、四十我干吗要卖，就这样把账面上赚的钱一点一点地又还回了市场，直到下跌到将其深度套牢。一直套到他心理承受不了了，这时候，他就再坐不住了：说不定这只股票还要跌。于是，就割肉出局，直到把自己的家底割完。

如果一次两次倒还罢了，问题是他每一次都是如此。他常常想：某某股票我要是50元抛出，就能赚多少多少……他就是不想下次我要吸取教训，结果下次他还照方抓药。所以，在股票市场上，他败得一塌糊涂。

每个人都可能成功，每个人也都可能失败。这两个不同的结局不在于结局的本身，而在于人的本身，在于你是否能够正确面对自己的一切。

爱迪生在经历了一万多次失败之后，发明了电灯。如果是你，即使你知道自己一定可以发明电灯，那你是否有勇气面对自己即将面临的那一万次失败带来的压力？所以，你要想成功就必须有面对自己会失败的勇气。

失败之后，关键的不是要仔细回想自己所付出的一切都付诸东流，或者对自己反复责难，而应该仔细地反省自己，面对那些有可能造成失败的主观原因。当发现在你身上曾出现过任何一种原因时，不要太过自责，分析这些原因，找出解决问题的办法。

所以，西方有句谚语：不要为打翻了的牛奶而哭泣。

牛奶已经打翻了，再怎么悲伤哭泣也无济于事，如果因为今天打翻了的这杯牛奶，而以后再不打翻牛奶，不再犯类似的错误，就不再碰盛着牛奶的杯子，那你就等于把成功与失败同时放置在你的门外。

其实，在发展的过程中，有很多人都会犯这样那样的错误，也就是说，都会在不同的程度上遭遇失败。失败并不可怕，可怕的是失败了之后没有经过认真总结，清晰地剖析自己。一个渴望成功的人，首先应该是一个敢于面对真实的自己的人；敢于面对失败的人；并在此基础上相信自己一定会成功的人。

不要为自己设限

大多数人之所以没有取得任何成就不是因为他们没有
能力，而是自己没有认识到自己的潜能，抑或是被习惯所
掩盖、被惰性所消磨。

科学家做过一个跳蚤与爬蚤的有趣实验：他们把跳蚤放在
桌上，一拍桌子，跳蚤迅即跳起，跳起高度均在其身高的100
倍以上，堪称世界上跳得最高的动物！然后在跳蚤头上罩一个
玻璃罩，再让它跳，这一次跳蚤碰到了玻璃罩。连续多次后，
跳蚤改变了起跳高度以适应环境，每次跳跃总保持在罩顶以下
高度。接下来逐渐改变玻璃罩的高度，跳蚤都在碰壁后被动改
变自己的高度。最后，当玻璃罩接近桌面时，跳蚤已无法再跳

了。科学家于是把玻璃罩打开，再拍桌子，跳蚤仍然不会跳，变成"爬蚤"了。跳蚤变成"爬蚤"，并非它已丧失了跳跃的能力，而是由于一次次受挫学乖了，习惯了，麻木了。最可悲之处就在于，实际上的玻璃罩已经不存在时，它却连"再试一次"的勇气都没有。玻璃罩已经罩在了潜意识里，罩在了心灵上。行动的欲望和潜能被自己扼杀！科学家把这种现象叫作"自我设限"。

很多人的遭遇与此极为相似。在成长的过程中特别是幼年时代，遭受外界(包括家庭)太多的批评、打击和挫折，于是奋发向上的热情、欲望被"自我设限"压制封杀，没有得到及时的疏导与激励。既对失败惶恐不安，又对失败习以为常，丧失了信心和勇气，渐渐养成了懦弱、犹疑、狭隘、自卑、孤僻、害怕承担责任、不思进取、不敢拼搏的心理状态。

西方有句谚语说得好："上帝只拯救能够自救的人。"成功属于愿意成功的人。

绝大多数人能坚韧不拔地走完人生历程，就是因为成功的渴望始终存在。把它称作信念也好，使命也好，责任也好，任务也好，总有企盼和牵挂，总有要完成的欲求，否则心有不甘，难以瞑目。

成功意味着富足、健康、幸福、快乐、力量……在人类社会里，这些东西总能获得最多的尊重和赞美。人人追求成功，普天之下，贫富贵贱，有谁会站出来说，我不想成功，我不愿成功？！

吕蒙是三国时东吴将领，英勇善战。虽然深得周瑜、孙权器重，但吕蒙十五六岁即从军打仗，没读过什么书，也没什么学问。因此，鲁肃很看不起他，认为吕蒙不过草莽之辈，四肢发达头脑简单，不足与之谋事。

吕蒙自认低人一等，也不爱读书，不思进取。

有一次，孙权派吕蒙去镇守一个重地，临行前嘱咐他说："你现在很年轻，应该多读些史书、兵书，懂得知识多了，才能不断进步。"

吕蒙一听，忙说："我带兵打仗忙得很，哪有时间学习呀！"

孙权听了批评他说："你这样就不对了。我主管国家大事，比你忙得多，可仍然抽出时间读书，收获很大。汉光武帝带兵打仗，在紧张艰苦的环境中，依然手不释卷，你为什么就不能刻苦读书呢？"

　　吕蒙听了孙权的话十分惭愧，从此以后便开始发愤读书补课，利用军旅闲暇，遍读诗、书、史及兵法战策，如饥似渴。功夫不负苦心人，渐渐地，吕蒙官职不断升高，当上了偏将军，还做了浔阳令。

　　周瑜死后，鲁肃代替周瑜驻防陆口。大军路过吕蒙驻地时，一谋士建议鲁肃说："吕将军功名日高，您不应怠慢他，最好去看看。"

　　鲁肃也想探个究竟，便去拜会吕蒙。吕蒙设宴热情款待鲁肃。席间吕蒙请教鲁肃说："大都督受朝廷重托，驻防陆口，与关羽为邻，不知有何良谋以防不测，能否让晚辈长点儿见识？"

　　鲁肃随口应道："这事到时候再说嘛……"吕蒙正色道："这样恐怕不行。当今吴蜀虽已联盟，但关羽如同熊虎，险恶异常，怎能没有预谋，做好准备呢？对此，晚辈我倒有些考虑，愿意奉献给您作个参考。"吕蒙于是献上五条计策，见解独到精妙，全面深刻。

　　鲁肃听罢又惊又喜，立即起身走到吕蒙身旁，抚拍其背，赞叹道："真没想到，你的才智进步如此之快……我以前只知道你是一介武夫，现在看来，你的学识也十分广博啊，远非从前的'吴下阿蒙'了！"

　　吕蒙笑道："士别三日，即更刮目相待。"从此，鲁肃对吕蒙尊爱有加，两人成了好朋友。吕蒙通过努力学习和实战，终成一代名将而享誉天下。

　　可见，我们只要相信自己，不要为自己设限，就有迅速提升自己的可能，就可以成就自己。

我成功，因为我自信

　　　　世界上你唯一可以一直相信的人是你自己，唯一可
　　以一直依靠的人也是你自己。你的自信可以让自己站立，
　　同时也可以帮助别人站立。任何人都应该在面对自己的时
　　候，相信自己可以做到自己想做到的事，成为自己想成为
　　的那个人。因为真实的我们完全有这个能力。

　　和田一夫曾经说过："没有信念支持的人，没有自信，不
能坚定意志，所以，一事无成，失败而又痛苦地过一生。"和
田一夫认为他的亲身经历可以证明一个真理，这个真理就是：
任何人都拥有着追求幸福和财富的权利，只要他拥有了执着的
信念，坚定的信心，他就可以成为一个富翁。

　　事实确实如此，历史上最伟大的人物丘吉尔就是因为有了

自信的支持，才走向了成功。

丘吉尔出生于爱尔兰，7岁入学读书，直到中学毕业，他的学习成绩一直不好，老师认为他低能、迟钝，不会有太大的出息。但丘吉尔却对自己充满信心，他刻苦学习英文，又到印度从军，并利用那段时间学习各种书籍。

经过磨炼，丘吉尔成功地掌握了4万的英语单词，成为掌握英语单词最多的人。后来，他被任命为英国首相，率领英国人民参加了伟大的反法西斯战争。

丘吉尔在就职时所发表的"我没有别的，只有热血、辛劳、眼泪和汗水贡献给你们"的演讲词，成为演讲初学者的模仿的范文。

这就是自信的力量！是一个能面对真实的自己的人所创造的奇迹。世界上有很多这样的成功人士，他们给我们树立了一个个成功的楷模。

保罗是一位很有成就的新闻记者。他在6岁时以难民身份抵达美国，开始在学校里因不会说英语而深感痛苦。他受到同学讥嘲时不是大打出手，便是转身逃避，结果养成了他所说的"难民心理"。这种心理表现在诸如此类的想法："不要破坏现状""到了人家这里就该知足"以及"这种东西轮不到你",等等。

后来,他在一次夏令营活动时,生命有了转折点。"他们要我担任营里最有地位的职务——岸边指导员,因为我具备必要的资格,"保罗说,"这时,我照例听到一个内心的声音提醒自己:这种东西轮不到你赢,你不是第一流的人。可是,出乎意料之外,就像灯光忽然亮了似的,我一下变得恍然大悟。现在应该轮到我了。于是,我便答应担任那个职位。"

保罗不能肯定他当时怎么会恍然大悟。可是那一刻的确改变了他的一生,使他摆脱了心理羁绊,而变成"在我的世界里的真正自己"。

好的念头不会自动地在我们的生活中产生。我们之所以能够发展,是因为我们决心要发展,是因为我们积极应付我们的遭遇。

成功的人都知道,坚定不移涉及抉择,而抉择则涉及风险,敢不敢冒风险,就看你有没有信心。敢不敢相信那个真实的自己。

一位58岁的农产品推销员奥维尔·瑞登巴克以不同品种的

玉米做实验，设法制造出一种松脆的爆玉米花。他终于培育出理想的品种，可是没有人肯买，因为成本较高。

"我知道只要人们一尝到这种爆玉米花，就一定会买。"他对合伙人说。

"如果你这么有把握，为什么不自己去销售?"合伙人回答道。

万一他失败了，他可能会损失很多钱。在他这个年龄，他真想冒这个险吗?他雇用了一家营销公司，为他的爆米花设计名字和形象。不久，奥维尔·瑞登巴克就在全美国各地销售他的"美食家爆玉米花"了。今天，它是全世界最畅销的爆玉米花，这完全是他甘愿冒险的成果，他拿了自己的所有一切去作赌注，换取他想要的东西。

"我想，我之所以干劲十足，主要是因为有人说我不能成功，"现年84岁的瑞登巴克说，"那反而使我决心要证明他们错了。"

从我们出生那天起，我们就注定是一个成功的人，如果你现在还没有成功，不是你没有这个能力，而是你不相信自己可以成功，不敢面对那个会失败了的自己，或者还没有找到出口。

丢弃你的自卑

　　自卑是人性共有的弱点，不管你是否成功过，或者已经成功，你都无法否定你内心潜藏着的那种对自我的不满意。人因为有了对自己的这种否定，所以，懂得了自尊、自爱、自重。这是自卑带给我们的好处，但过分的自卑则会妨碍我们对真实的自己的正确认知，给自己造成不必要的心理压力，从而阻止我们的成功。

　　有一则寓言说，有一只乌龟在沙滩上晒太阳时，几只螃蟹走过来，它们看到乌龟背上的甲壳嘲笑道："瞧瞧，那是一只什么怪物啊，身上背着厚厚的壳不说，壳上还有乱七八糟的花纹，真是难看死了。"乌龟听后，觉得很羞愧，因为它自己早就痛恨这身盔甲，可这是娘胎里带出来的，没法改变，它只能把头缩进壳里，来个眼不见、耳不听，落得个清静。谁知螃蟹们见乌龟不反抗，便得寸进尺地说："哟，还有羞耻心哩，以为把头缩进去，你就能改变你一出生就穿破马甲的命运吗？"乌龟没有应答，螃蟹自讨没趣地走了。

乌龟等螃蟹们走后，伸出头，迈动四肢，找到一处礁石，把它的背部靠在礁石上不停地磨，想磨掉那件给它带来耻辱的破马甲。终于，乌龟把背磨平了，马甲不见了，但弄得全身鲜血淋漓，疼痛不堪。一天，东海龙王召集文武百官升朝，宣布封乌龟家族为一等伯爵，并令它们全体上朝叩谢圣恩。在乌龟家族里，龙王一眼就瞧见了那只已没有马甲的乌龟，便大怒道："你是何方妖怪，胆敢冒充乌龟家族成员来封？""大王，我是乌龟呀！""放肆，你还想骗朕，马甲是你们龟类的标志，如今你连标志都没有了，已失去了本色，还有什么资格说是乌龟。"说完，龙王大手一挥，虾兵蟹将们就将这只丢掉马甲的乌龟赶出了龙宫。

其实我们自己也会犯这样的错误，当别人谈论我们的不足，认为我们的所作所为不合常理时，我们也会有一种自我关注的情绪在否定着自己，认为自己不如别人。更有甚者会暗自将自己拿到人群中加以比较，这样的结果往往是越比较越自卑，越觉得自己一无是处。于是，渐渐地失掉自己的本来面目，渐趋于他人的言论和行动。

有位心理学家写了一本很畅销的社会心理学书，名叫《你的误区》。这本书认为每个人均有个性上的"误区"或自我挫败的感情和行为，比如，像自我轻视、易怒、对过去悔恨、对他人过分依赖、不敢涉足新事物、被旧风俗习惯过分控制……因而使自己不能愉快地生活。那么，如何使自己走出"误区"呢？

其一，要克服自卑感。自卑是一种不健康的想象，是一种认为自己不可能成功的心理状态。自卑感会挫败你的勇气，而夺走你的信心，留下的只有无所作为的思想，这就不可避免地要遭受失败。

其二，一是要面对真实的自己。每个人都会犯错误，犯了错误就要敢于承认；二是要善于吸取教训。不要因自己犯了错误就憎恶自己，并且一直沉浸在错误的阴影里。

其三，给自己定的目标不要太高。设定你能够达到的目标，并为之努力，达到后的喜悦将使你更具信心。大目标要分解成小目标，慢慢达成。

其四，要学会帮助别人。帮助一些失魂落魄的人恢复自信，无形中会增加你的自信。

其五，要成为一流好手。每个人都有自己的嗜好、手艺或技术。无论它多么普通，努力发展它，成为这方面的专家。之后就会有人向你请教，对你表示敬佩，这样就会使你感到自己不一般。

其六，多照镜子。不要认为镜子是女人的专利，男人也要常对着镜子审视自己，是不是精神饱满？是不是显得愉快？这样就能够避免消极思想，尤其要对着镜子说"我能够""我要做"之类肯定的话。

另外，要克服自卑感还要分析自己自卑的原因是什么，了解到真正的原因，就可以主动地，有意识地训练自己跨出这一误区，从而为自己树立优越感，摆脱自卑的束缚。

自信心点亮世界

> 只要你有勇气去推，你会发现成功也不是你想象中的
> 那么难。而且，当你有了一次成功的历史，你就会在增加
> 自己信心的同时，有了让自己再次成功的渴望，也就会成
> 就自己的一生。

曾经听朋友说，如果我是富家子弟，今生就不会这么疲于
奔命了。如果我出生在法国那个浪漫而有趣的国度，就不用再
费尽心机，争取拿到出国签证了。可是，我想生活中的许多事
是我们都无法选择的，我们唯一能做的就是积极对待生活的酸
甜苦辣，相信自己。

可能许多人都不知道，令无数球迷倾倒的球王贝利，曾经

是一个自卑的胆小鬼。当他得知自己入选巴西最有名气的桑托斯足球队时，竟紧张得一夜未眠。因为他对自己缺乏自信，一种前所未有的怀疑和恐惧使贝利寝食不安。身不由己的贝利来到了桑托斯足球队，他说："正式练球开始了，我已吓得几乎快要瘫痪。"他就是这样走进一支著名球队的。

第一次比赛教练就让他上场，并让他踢主力中锋。紧张的贝利双腿好像是长在别人身上似的，半天没回过神来。每次球滚到他身边，他都像看见别人的拳头向他击来。他几乎是被逼上场后，才不顾一切地在场上疯狂地奔跑起来，那时的他眼中只有足球，并恢复了自己的正常水平。从那以后，他找回了自信，并将自己的潜能发挥到极致。

那些使贝利深深畏惧的足球明星们，其实并没有一个人轻视贝利，而且对他还相当友善，如果贝利自信心稍微强一点儿，也不至于受那么多的内心煎熬。

贝利的紧张和自卑，是因为把自己看得太重了。他从小自尊心极强，自视甚高，以致做任何事情都难以达到理想的要求。他一心只顾想着别人将如何看待自己，这又怎能不导致怯懦和自卑呢？

贝利战胜自卑心理的过程告诉我们，尽量不要理会那些使你认为不能成功的疑虑，勇往直前，拼着失败也要大胆去做，其结果往往并非真的会失败。每个人都有超过其他人的天赋和才能，扬长避短，既是建立自信的有效途径，也是制胜之道。

应该说人的自信是建立在成功的基础上的，没有成功就没有自信。一个人从来就没有成功过，那他一定不会相信自己也可以成功。他的世界会流落在生活的灰色地带，没有阳光，没有喜悦。如果他想要离开这个地方，那他唯一的选择就是去忘记自己的自卑，就像贝利一样勇敢地去拼，说不定就会将自己的优势激发出来，从而找到成功的出口。

自信是点亮人生的明灯。人不可能在各方面都非常优秀，都或多或少在某方面存在一定的缺陷，就是那些伟人也毫不例外，拿破仑的矮小、林肯的丑陋、罗斯福的小儿麻痹、丘吉尔的臃肿，都是他们无法避免的缺陷，但这丝毫都没有妨碍他们的成功，这就是自信的力量。

所以，无论你有什么缺陷，或者对自己有什么不满，你都不能将自卑放在心里，让它影响你的成功。你应该试着让自己有机会成功，让自己在看到不足的同时，也看到自己的优势。况且，生活的门有时是虚掩着的。

树立必胜的信念

　　　　有人说，一个人之所以活着，是因为有希望。希望没
了，就没有活着的必要了，这应该只是生活下去的一个动
因。至于活得是否有价值，是否可以将自己的一生燃烧成
炙热的火焰，在生命结束时也可以不至于抱憾，这种支撑
的力量应该是什么？我说，这答案应该是信念。而且应该
是必胜的信念。唯有信念才能左右人的命运，因而那些成
功的人只相信自己的信念。

　　实践证明，人的潜在意识一旦完全接受自己的要求之后，
他的要求便会成为创造法则的一部分，并自动地运作起来。人
必须相信自己所想要相信的事，这样，就会在自己的潜意识中
得到真正的印象，而自己的潜意识也会因印象的程度而适当地

做出反应。

普通人认为办不成的事，若当事人确实能从潜在意识中去认定可以办成，事情就会按照当事人信念的程度如何，发展到他希望看到的结果。此时，即使表面看来不可能办成的事，也可能成功。

我国古代唯一的一位女皇帝武则天，14岁入宫被太宗封为女才人。当她还未来得及为自己的前途作打算的时候，就同其他未生养子女的宫人们一起被剃度落发，到了感业寺。在太宗看来，这种安排足可以让一个小小的才人毫无还手之力。然而，武则天却深信这样的日子不会很久，她把感业寺当成了蛰伏地。

她等待着，期望着。她相信终有一天已经即位的太子李治（唐高宗）一定会将她救出苦海，因为她与李治有一段剪不断的情缘。

到了唐太宗去世一周年的时候，唐高宗（即太子李治）去感业寺进香时见到了武则天。经过了各种艰辛曲折的磨难。655年（永徽六年）八月，唐高宗正式提出废王皇后为庶人，立武则天为皇后。

武则天当了皇后以后，把原皇后一党彻底整垮。她用最残忍的手段把王皇后、萧淑妃杀死于冷宫，把褚遂良贬死在爱州，逼令长孙无忌自杀。

从此以后，高宗更加依靠武则天，每当上朝，武则天总是垂帘听政，黜陟、生杀之权皆归中宫，天子唐高宗只做了武则天的应声虫而已。

674年(咸亨五年)8月，"皇帝称天皇，皇后称天后"。至此，长达十几年的皇后——太子权位之争以武则天的完全胜利而告终结。

683年唐高宗病死，太子李显即位，是为唐中宗。高宗临终遗诏说："军国大事不决者，兼取天后进止。"武则天以皇太后的身份临朝称制。

在690年3月9日，武则天堂而皇之地登上了皇帝的宝座，改唐为周，做了武周女皇。中国历史上唯一的一位女皇也正式诞生了。

众所周知，中国的古代一直都是男尊女卑，武则天也没有显赫的身世，她的成功即位不得不说是中国历史的一大奇迹，虽然，历史对她的评论褒贬不一，但仅凭一个小小的弱女子能够在那样的历史环境下取得皇位，并延续了盛唐的繁华，不得不让人为之赞叹。

所以，影响我们人生的绝不是环境，也不是遭遇，而是我们持有什么样的信念。如果事情有了奇迹般的结果产生，那就是因为：拥有绝对可能的信念。

世上许多令人无法相信的伟大事业，却有人完成了。究其原因，无非是那些人具有不怕艰难险阻的坚强信念，坚信自己永葆无穷的力量。

凡是想成功的人，凡是不甘于现状、渴望进取的人，都要相信自己的力量，不为各种干扰所左右，勇敢的走自己的路。

第六章

不要浪费了青春

少壮需努力

不要以为自己还很年轻，不要等到来不及的时候，才知道该珍惜。

记得第一次被人家称作阿姨的时候，心里一下意识到，我自己的真实年龄已经不允许自己再肆无忌惮地挥霍青春、浪费时间。更在某一日，突然发现眼角已经有了鱼尾纹，那深深浅浅的印记是我不再年轻的标志。可是再回首想想，自己这么多年又干了些什么？有什么成就？没有，除了记忆中那些不足为奇的小事，仿佛还能证明我曾经做过一点儿什么之外，就再也没有可以回忆起来的东西了。于是，我知道我已浪费了太多的光阴，在年少时挥霍了太多财富。

以前，有个流浪的艺人，虽然才四十几岁，但是骨瘦如柴、形容枯槁，医生的诊断结果是肝癌末期，临终前，他把年仅16岁的独子找来，叮咛着："你要好好读书，不要像我少壮不努力，老来没成就。我年轻时好勇斗狠，日夜颠倒，烟酒都来，正值壮年就得了绝症。你要谨记在心，不要再走我的老路。我没读什么书，没什么大道理可以教你，但你要记住把'少壮不努力，老来没成就'这句话传下去。"

说完，他咽下最后一口气，16岁的儿子却懵懵懂懂地站立一旁。

长大后，他儿子仍然在酒家、赌场闹事，有一次，与客人起冲突，因出手过重而闹出人命，被捕坐牢。出狱后，人事全非，发觉不能再走老路，但是，自己无一技之长，无法找个正当的工作，只好下定决心，回到乡下，靠做一些杂工维生。

由于他年轻时无法体会父亲交代的遗言，耽误终身大事，年近半百才成婚。虽然年事渐长，逐渐能体会父亲临终前交代的话，但似乎为时已晚。他的体力一天不如一天，一年不如一年，面对着无法撑持起来的家，心里有着无限的忏悔与悲伤。

　　有个夜晚，他喝点酒，带着酒意，把16岁的儿子叫到跟前。他先是一愣，这不就是当年16岁的我啊！父亲临终前交代遗言的景象在脑海中显现，有些自责地喃喃自语：

　　"我怎么没把那句话听进去啊。"

　　说着，眼泪直滴脸颊，儿子站在面前，懂事地安慰着："爸爸，您喝醉了，早点儿休息吧！"

　　"我没有醉，我要把你爷爷交代我的话告诉你，你要牢牢记住。"

　　"爸爸！什么话这么慎重呀！"

　　"当年你爷爷临终时交代我不可以'少壮不努力，老来没成就'，我没听进去，也没听懂，结果我费尽一生才体会出这一句话的道理，但为时已晚。"

　　"这句话不是人人都知道吗？"

　　"是啊。但是，并不是每个人都愿意努力从年轻时就努力奋发向上。一定要年轻时就学好，不然老了就像我一无是处。你一定要认真对待这句话，希望你好好做人，将来儿孙都能成才，不必再把这句话当遗言交代了。"

　　"少壮不努力，老大徒伤悲。"这是一句熟得令人生厌的话，但是尽管大人们一再提起，多数青少年却并没有懂，甚至于听而不闻，实在可惜。

　　现实中的我们不是不聪明，却总不会算一笔时间账，总以为还有很多时间可以再来一次，可以再拖延一点儿，但真的是这样吗？

　　有人算过这样一笔账：假如人能活70岁，而每天睡觉8小时，那么70年就会睡掉20440小时，合8517天，23年零4个月。这样，人还剩下46年零8个月的时间。

　　如果每天吃早饭用20分钟，吃午饭用40分钟，吃晚饭用1小时，那么一天吃饭吃掉了2个小时，70年要吃掉51100小时，合2129天，5年零10个月。这样，人还剩下40年零10个月的时间。

　　如果每天搞个人卫生的时间为2小时，那么70年就又会用掉5年零10个月的时间。这样，人还剩下35年的时间。

　　如果每天用在走路和买东西上的时间为4小时，那么70年就会用掉102200小时，合4258天，10年零8个月。这样，人还剩下23年零4个月的时间。

　　如果每天用来和别人闲聊的时间为3小时，那么70年又聊掉76650小时，合3194天，8年零9个月。这样，人还剩下14年零

7个月的时间。

如果每年用在看病吃药，特别护理等事项上的时间为12天。那么70年要用掉840天，合2年零3个月。这样，人还剩下12年零4个月的时间。

而一般的人每年都会有与别人发生口角，争端的事情，还有因不顺心而烦恼，以致不能做正经事的时间。如果平均每年用在这种事情上的时间为10天，那么70年就要用掉700天，合1年零10个月。这样，人还剩下10年零6个月的时间。

如此算来，一个人活到70岁，自己只有10年半的时间可以用来为社会做些事，这还不算为了挣钱吃饭而必须花掉的时间，那是因为很多人在谋生的同时也为社会做了贡献，而很多人都没有意识到珍惜自己那10年半的时间，一生就那么晃过去了。另外，人们并不是都能活到70岁的。

可见，有人说，"相当一部分人活了一辈子，不过是浪费粮食"。这话真是一点儿不夸张。所以，我们应该警醒了，我们的时间不是很多而是很少。

明确时间的意义

> 时间是生命；对于从事经济工作的人来说，时间是金
> 钱；对于做学问的人来说，时间是资本；对于无聊的人来
> 说，时间是债务；对于学者来说，时间是财富，是资本，
> 是命运，是千金难买的无价之宝。

　　法国思想家伏尔泰曾出过一个意味深长的谜："世界上哪
样东西最长又是最短的，最快又是最慢的，最能分割又是最广
大的，最不受重视又是最值得惋惜的；没有它，什么事情都做
不成；它使一切渺小的东西归于消灭，使一切伟大的东西生命
不绝。"这是什么？众说纷纭，捉摸不透。有一名叫查第格的
智者猜中了。他说："最长的莫过于时间，因为它永远无穷无
尽；最短的也莫过于时间，"因为它使许多人的计划都来不及

完成；对于在等待的人，时间最慢；对于在作乐的人，时间最
快；它可以无穷无尽地扩展，也可以无限地分割；当时谁都不
加重视，过后谁都表示惋惜；没有时间，什么事情都做不成；
时间可以将一切不值得后世纪念的人和事从人们的心中抠去，
时间能让所有不平凡的人和事永垂青史。时间到底是什么呢？
时间对于不同的人有不同的意义。

　　世界上有许多人都是因为明白了时间是什么，所以知道了
珍惜，知道了利用，直至取得了成就。

　　*美国副总统亨利·威尔逊出生在一个贫苦的家庭，当他
还在摇篮里牙牙学语的时候，贫穷就已经向他露出了狰狞的
面孔。威尔逊10岁的时候就离开了家，在外面当了11年的学徒
工，每年只能接受一个月的学校教育。*

　　*在经过11年的艰辛工作之后，他终于得到了一头牛和6只
绵羊作为报酬。他把它们换成了84美元。他知道钱来得艰难，
所以绝不浪费，他从来没有在娱乐上花过一个美元，每个美分
都是经过精心算计的。*

　　*在他21岁之前，他已经设法读了1000本好书——这对一个
农场里的孩子，这是多么艰巨的任务啊！在离开农场之后，他*

徒步到100英里之外的马萨诸塞州的内蒂克去学习皮匠手艺。他风尘仆仆地经过了波士顿，在那里他可以看见邦克希尔纪念碑和其他历史名胜，整个旅行他只花费了一美元六美分。

在他度过了21岁生日后的第一个月，就带着一队人马进入了人迹罕至的大森林，在那里采伐原木。威尔逊每天都是在天际的第一抹曙光出现之前起床，然后就一直辛勤地工作到星星出来为止。在一个月夜以继日的辛劳努力之后，他获得了6美元的报酬。

在这样的穷途困境中，威尔逊下定决心，不让任何一个发展自我、提升自我的机会溜走。很少有人能像他一样深刻地理解闲暇时光的价值，他像抓住黄金一样紧紧地抓住了零星的时间，不让一分一秒无所作为地从指缝间白白流走。

12年之后，他在政界脱颖而出，进入了国会，开始了他的政治生涯。

富兰克林说过："你热爱生命吗？那么别浪费时间，因为时间是构成生命的材料。"

是啊，时间是我们生命的组成材料。它的存在给了我们生命应有的标记。但它是那么寂静无声，仿佛怕被人发现似的，它是这世界最高明的小偷，他永远都会在不被人发觉的情况下，偷走人们最宝贵的财富。它是那么吝啬，永远都不肯将自己最少的一点儿积蓄施舍给任何人，即使这个人即将面临生命的终结。所以，我们需要将时间看作世间最值得珍惜的财富。

　　但如今的多数人都很羡慕美国、日本富裕的生活却不知道他们是多么珍惜时间的。20世纪90年代初，中国辽宁青年参观团在日本出席一个会议，出国前团长准备了厚厚一叠发言稿，可是届时日方官员递上的会序表却写着："中方发言时间：10点17分20秒至18分20秒。"发言时间仅为一分钟。这在那些"一杯茶水一支烟，一张报纸看半天"的人看来，似乎不可思议，而在日本却是极为平常的。日本从工人到学者，时间观念都非常强。他们考核岗位工人称不称职的基本标准就是在保证质量的前提下单位时间的劳动量，时间一般精确到秒。

　　因此，我们必须要明确认识到时间对于我们的意义，在警觉中将自己的时间充分利用起来。

永远都不要想还有明天

　　　　总是会有人说，还有明天。可是，明天还有明天的事
　　要做。对于那些珍惜时间的人而言，今天才是最珍贵的，
　　今天的成就就是明天更好的开始，没有今天，明天就会一
　　无所有。所以，他们会抓住今天的时光，为自己积累财
　　富，那些总想着还有明天的人，永远都不会有成就。

　　曾经有一个寓言说，在古老的原始森林，阳光明媚，鸟儿
欢快地歌唱，辛勤地劳动。其中有一只寒号鸟，有着一身漂亮
的羽毛和嘹亮的歌喉。他到处卖弄自己的羽毛和嗓子，看到别
人辛勤劳动，反而嘲笑不已，好心的鸟儿提醒它说："快垒个
窝吧!不然冬天来了怎么过呢。"

寒号鸟轻蔑地说："冬天还早呢，着什么急！趁着今天大好时光，尽情地玩吧！"

就这样，日复一日，冬天眨眼就到了。鸟儿们晚上躲在自己暖和的窝里安乐的休息，而寒号鸟却在寒风里，冻得发抖，用美丽的歌喉悔恨过去，哀叫未来："哆啰啰，寒风冻死我，明天就垒窝。"

第二天，太阳出来了，万物苏醒了。沐浴在阳光中，寒号鸟好不得意，完全忘记了昨天的痛苦，又快乐地歌唱起来。

鸟儿劝他："快垒个窝吧，不然晚上又要发抖了。"

寒号鸟嘲笑地说："不会享受的家伙。"

晚上又来临了，寒号鸟又重复着昨天晚上一样的故事。就这样重复了几个晚上，大雪突然降临，鸟儿们奇怪寒号鸟怎么不发出叫声了呢。

太阳一出来，大家寻找一看，寒号鸟早已被冻死了。

生活中的我们不也会因为得过且过，让自己错过许多本来可以得到的东西吗？

如果你还希望自己能够成为一名卓有成就者，那么，你必须从今天开始做起，也唯有从今天开始做起！切勿依赖明天，只会做一个空想家。

如果你总是把问题留到明天，那么，明天就是你的失败之日。同样，如果你计划一切从明天开始，你也将失去成为行动者的所有机会，明天，只是你愚弄自己的借口罢了。

著名作家玛丽亚·埃奇沃斯（Marie Edgeworth）对于"从今天做起"而不是"从明天开始"的重要性有着深刻的见解。她在自己的作品中写道："如果不趁着一股新鲜劲儿，今天就执行自己的想法，那么，明天也不可能有机会将它们付诸实践；它们或者在你的忙忙碌碌中消散、消失和消亡，或者陷入和迷失在好逸恶劳的泥沼之中。"

Atari公司的创始人，电子游戏之父诺兰·布歇尔（Nolan Bushell）在被问及企业家的成功之道时，这样回答道："关键便在于抛开自己的懒惰，去做点儿什么，就这么简单。很多人都有很好的想法，但是只有很少的人会即刻着手付诸实践。不是明天，不是下星期，就在今天。真正的企业家是一位行动者，而不是什么空想家。"

从空想家到行动者的转变不可能不疼不痒，我们需要付出极大的努力才能得以实现。但是，这一转变又是现实的。"总有一天我会长大，我会从学校毕业并参加工作，那时，我将开始按照自己的方式生活……总有一天，在偿清所有贷款之后，财务状况会走上正轨，孩子们也会长大，那时，我将开着新车，开始令人激动的全球旅行……总有一天我在考虑退休，我将买辆漂亮的汽车开回家，并开始周游我们伟大的祖国，去看一看所有该看的东西……总有一天……"

我们总是自欺欺人的暗示自己：只需等待，美好的未来便会自然而然地出现。某个时刻，以某种方式，在某一天，它会出现。然而，就是这个画饼充饥的愿望却无孔不入无处不在于我们的生活之中。

如果我们希望取得某种现实而有目的的改变，那么，我们便必须采取某种现实而有目的的行动，这对于我们是否能够主宰自己的生活至关重要。

积极行动，岁月不等人

> 陶渊明说："盛年不重来，一日难再晨。及时当勉
> 励，岁月不待人。"

有一位老兄，家里发大水。就在水马上就要漫过他家前厅的门坎时，开着四轮卡车路过的邻居好心地表示，他可以载上这位老兄去到一个安全的地方。但是，这个友好的提议马上遭到了断然拒绝，这位老兄的理由是上帝和他打赌，说不会让他淹死在水里。随着水面不断升高，他不得不爬到了屋顶上。

这时，一条小船驶过并表示可以把受难的老兄带到安全的地方。提议再次遭到了断然拒绝，理由仍然还是对上帝的信任。

水面还在不断升高，已经漫过了屋顶，眼看这位老兄就要

一命呜呼。就在此时，一架直升飞机飞过，并抛下了一根绳子来营救几乎已淹在水中的老兄。但是，他又一次断然拒绝了营救，拒绝去抓住救命的绳索，理由同样是对于上帝的信任。

就在死亡即将来临之际，这位老兄绝望地抬起头，对着上天呼喊道："上帝呀，我如此忠诚地相信你会来拯救我，可是，你为什么没有来呢？"

这时，来自天堂的那个声音说道："你究竟想让我怎么做？我派去了一辆卡车、一条船、甚至一架直升飞机，可是你拒绝我的好意，既然你自己选择去死，我还有什么办法？"

是啊，既然你自己没有行动，你的失败又有什么好抱怨的？在这个世界上，太多的人在坐等机会的自动降临，在期待某个时刻、以某种方式、在某一天自己一觉醒来便会梦想成真，这显然十分荒谬，但是，所有的空想者正是每日生活在这样的幻觉之下。

某年的经济大萧条期间，一个年轻人从某大学毕业，获得了社会科学的学士学位。关于自己未来的生活，他没有得到任何的指导，也没有自己的想法。他的困境总结起来只有一条，那就是，那个年头的工作岗位极度稀缺。年轻人开始等待，希

望有什么好运会降临到自己头上。同时，为了挣钱养活自己，
他整个夏天都在一家当地的游泳池干着救生员的工作。

一位经常带孩子来游泳的父亲对年轻人十分友好，并对他
的未来产生了兴趣。他鼓励年轻人仔细分析一下自己，看看究
竟最想做点什么。年轻人听从了他的建议，在随后的几天中，
他开始检讨自己。最后，他发现自己还是最想成为一名电台播
音员。

年轻人告诉了这位长者他的志向，这位长者鼓励他采取必
要的行动，使梦想成真。随后，他走遍了伊利诺斯州和爱荷华
州，努力使自己进入广播行业。终于，他在爱荷华州的达文波
特市停住了流浪的脚步，成为了一家公司的一名体育播音员。

"终于找到了工作，这多美好呀，"后来这个年轻人坦率地
说道，"不过，更有意义的是，我知道了应该去行动这个道理。"
这番经历，正是让美国前总统里根把梦想付诸实践的关键。

有多少想法，多少梦想，多少好打算，都被你闲置于树枝，
原因仅仅是你的决定没得到有目的的实际行动的支持啊。

为了主宰自己的生活，我们就要积极地行动，珍惜自己宝
贵的时间。其实，每个人都具备着充分发挥上帝赋予我们的潜

能的必要工具、能力和条件。但是，真正想发挥出潜能，就一定要去实际地做事情——目标明确且持之以恒地去行动。

　　所以，你还在等什么呢？

浪费时间就是浪费机会

　　任何好的机会都不会在那些不愿意接待他们的人的身
边停留。假如你想让自己活得更真实、更充实，就一定要
让自己学会接待时间这位客人。

有一位作家，曾举过一个例子来说明时间的意义。

上帝在每天一大早都会去拜访刚起床的人，然后很公平地
交给每个人5000元运用；到了晚上临睡时，他又会出现，要每
人把剩余的钱还给他，只见有的人原封不动地交回了5000元；
有的人剩下300元交回；还有的人两手一摊，说："花光了，还
不够用呢！"

这个故事寓含的真正意义，是在于每个人每天使用时间的

差以及用此引发的省思。有的人根本什么事也没做，所以一毛钱未花；有的人用一些，有的人则充分利用，还嫌上帝给的不够多。现实中有的人明白了时间的意义。在他们看来，珍惜时间就是珍惜机遇，所以，他们也会因为自己抓住了时间也抓住了机遇。

莉莲就是这样的一个人，她十分清楚，幸运不会无缘无故地眷顾谁，只有采取行动才能捕获幸运。年仅24岁，并怀着第一个孩子的莉莲，四处找寻着能够补贴家用的办法。莉莲利用婚礼时亲朋好友送给自己的贺礼中省下的2000美金，添置了几件简单的设备，并在一本流行杂志上刊登了一则小广告，开始推销自己个性化的汉堡和减肥食品。在1951年，她敢于把自己的突发奇想变成产品的做法不仅标新立异，而且还带有某种革命性的意味。广告词中这样写道："要做个性十足的第一人。"

订单源源不断，莉莲的业务不断壮大，莉莲当年的目录直邮公司，现在已发展成LVC国际集团，年销售额高达2亿美元，拥有上千名员工，每周处理的订单超过30000份。莉莲的成功正是因为她没有守株待兔，而是以有目的的实际行动去成就所有的一切。

　　现代人总好像是很忙碌，但是，忙来忙去也不知忙些什么？反过来看，有些人随时都是一付从容不迫的模样，难道谁能肯定他不忙吗？一位成功学大师说过："我能成为人人尊敬的演讲大师，我能在年轻的时候成为富翁，我周游世界，我享受你享受不到的生活，因为我从一开始就从不拖延做每件事！我相信我做的是正确的，思考之后我迅速行动，我知道我的时间有限。"这位大师之所以这样说，是因为他知道面对自己，知道自己的时间是有限的，因为有了紧迫感，所以知道珍惜时间。

　　你是怎么做的？在考虑先迈左脚还是右脚吗？我想你的生活应该是这样的：每天都是重复的生活，昨天、今天没有任何变化。

　　回忆一下你的生活：

　　星期一早晨，你又为起床感到费劲，你觉得这对你来说太困难了；老板布置的工作，你觉得可能做不完，或是今天太疲劳了，不如明天早上来了再做，那时可能精神更好；每当接受新的工作时，你总是感到身体疲惫；你想做点体力活，如打扫房间、清理门窗、修剪草坪等，可是你却迟迟没有行动，你总有各种各样的原因不去做，诸如工作繁忙、身体很累、要看电视等；你曾经由于迟迟不敢表白，而让心爱的女子成了别人的妻子。自己总是暗暗伤怀；你希望一辈子住在一个地方。你不愿意搬走，新的环境会让你头疼；总是制订健身计划，可你从不付诸行动，"我该跑步了……从下周一开始"；你答应要带你的宝贝去公园玩，可是一个月过去了，由于各种原因，你还是没有履行诺言，你的孩子对你已经失望至极；你很羡慕朋友们去海边旅行，你自己也有能力去，但总是因为这样那样的借口而一拖再拖。

对于这样喜欢拖延的人来说，常把"或许""希望""但愿"作为心理支撑的系统。而你所谓的"希望""但愿"的借口俯拾即是。在你找这些借口的同时，你也就丢失了许多可以成功的机会。

优秀共青团员张海迪，在不长的时间里就掌握了日语、英语、世界语等几门外语，完成了《海边诊所》的翻译。一个身体的三分之二都失去知觉的高位截瘫患者，一个残疾者的生命为何能释放出如此巨大的能量？焕发出如此夺目的异彩？原因之一不就是由于她抓紧了分分秒秒的宝贵时光，积极抓住了任何可以让自己成长的机会。

做时间的主人

> 一个真正懂得时间管理的人，应能依事情的轻重缓
> 急来定时间的先后顺序，这样，当重要事件发生时，才能
> 不慌不忙地一一处理。这样的人才叫懂得时间管理观念的
> 人，才是时间的主人。

常在招待过程中发现，每次约定了时间，总会有人迟到，
匆忙跑进来，然后道歉不已，这样没有时间观念的人，给人第
一印象就不是那么好，属于没有修养的表现。因此要与人约
会一定要比预定的时间更早一些出门，要把路上可能发生的事
（如塞车、停车问题……）所浪费的时间都包含在内。

在采访一位商业人士时，他说过这样一段话："在车上
时每遇红灯，我就会把当日报纸拿出来看看大标题、看重点，

以便知道世界上发生了什么事。同时，我的耳朵也没闲着，平时我习惯一上车就开始放社会大学的录音带（自我充电）；但是，精神较紧张时，则会选听一些开发潜意识的音乐CD。眼睛在顺便看街景时，偶然有什么感触、想法或创意时，一遇上红灯便会抽出名片或小记事本来写下心得。比起许多人塞车、等红灯时的心浮气躁，破口大骂，我的做法是不是比较具有创造性及建设性呢？"

事实上，管理时间的方法有很多，在此就提供几个较实用的观念、方法：

（1）善用剩余时间：什么叫作剩余时间？就是所谓的"角落时间"，5分钟、10分钟、别小看它，积累起来也占了大半天呢!

譬如，前几天去麦当劳用餐，用完餐后顺便上洗手间，发现麦当劳的女厕所好像因间数少，而一直那么挤。那天也不例外，这时，突然看到一个也在排队的女孩，她正乘机和排在她前面的一个女孩做推销，不知道她的推销有没有成功，但是，利用剩余时间来创造一些价值，绝对是聪明的做法。

又如，经常可以看见许多学生都会在等公共汽车或坐地铁时背英文单词。相比之下，他们可能比那些交钱去补习班学一

年英文的学生还要有效率得多，因为这些"剩余时间"其实就
是让你比别人更进步的有效途径。也许有人会问："我怎么知
道一天的剩余时间有多少?"

　　这就牵涉到做记录的问题了，如果你决定做时间的记录，
很简单，从每天一大早起床开始，每15分钟便做一次记录，到
了晚上临睡前，再把这张纸摊开来看。哇!好多空白，原来你花
在发呆、做白日梦，不知所措上的时间那么多，甚至整个晚上
只记了三个字：看电视。这么清楚明白地做了记录后，剩余时
间有多少不就一目了然了?

　　减少时间的浪费：如果要去玩，是走这条路好，还是走那
条路?说不定还有更快的!做任何事时都先计划一下，无论是出
去郊游还是逛商场购物，在一楼弄清楚要上几楼，否则乱走乱
逛的就会浪费很多时间。

　　另外，做计划一定要有工具。最好随时携带笔记本，家里
有日记本，办公室还有周记本、月记本，甚至年度计划本。有
人可能又要说了："人生已经这么乏味了，如果做什么事都还
要计划，岂不更无聊!"

　　可是能规划的永远只是人生可以掌握的，可以想得到的一
些事，人生还有太多始料未及的意外是完全无法掌控的。

（2）创造时间的使用价值：时间的使用价值，大多来自于个人的价值、判断与认知，重要的是要知道在轻重缓急间如何取舍。譬如家人和朋友孰重?私事和公事哪样得先处理?有了比较清楚明确的价值判定后，就不会有太多紧张、担心、犹豫不决，能放心大胆地去做该做的事。

而在决定时间的排序时，什么事紧急又重要，什么事重要却不紧急，什么事紧急却不重要，什么事不紧急又不重要的，概念理清，是应具备的基本能力，这样便不易慌乱。当然，最重要的是要知道生活上的目标，因为时间管理和自己的目标设定息息相关，必须知道自己有什么梦想、希望要实现?什么时候要达成?而在努力完成的过程中，时间的价值便创造出来了。

（3）学习自我承诺：中国人较无时间观念。就以喜宴来说，常常红贴上明明印着6：30入席，但是，7点钟到还不算迟，直到7：30才开始正式入席；但德国人却是最讲究时间观念的民族，他们和好友约在中午见面聊天，结果对方只迟了三分钟到达，另一个朋友就会板着脸说："对不起，我再也不和你做朋友了。"

以上这些方法可以让我们在对待时间的问题上有所改进，帮助大家成为时间的主人，早日实现自己的理想。

删除不重要的事

> 事分轻重缓急，因此不要把全部的时间都去做那些看起来“紧急”的事情，一定要留一些时间做那些真正“重要”的事情。

　　最近有朋友问我，为什么你可以每天工作那么久的时间，在没有周六和周日的情况下，依然保持良好的工作状态和身体状态？这是个好问题，很多人辛苦工作，可总是觉得自己没有成就感或者疲于奔命。如何长时间工作并且保持效率？我愿意将自己的心得与大家分享。

　　那就是首先不要成为“紧急”的奴隶，要关注“关键”的问题。事分轻重缓急，因此不要把全部的时间都去做那些看起来“紧急”的事情，一定要留一些时间做那些真正“重要”

的事情。管理自己时间的问题，尤其是要分清何为"紧急的事"、何为"重要的事"。

在时间管理中，必须学会运用80：20原则，要让20％的投入产生80％的效益。要把握一天中20％的经典时间（有些人是早晨，也有些人是下午或夜里），专门用于你对于关键问题的思考和准备。有的人以为，安排时间就是做一个时间表，那是错误的。人的惯性是先做最紧急的事，但是这么做有可能使重要的事被荒废。每天管理时间的一种方法是，早上定立今天要做的紧急事和重要事，睡前回顾这一天有没有做到两者的平衡。

有那么多的"紧急事"和"重要事"，想把每件都做到最好是不实际的。建议你把"必须做的"和"尽量做的"分开，必须做的要做到最好，但是尽量做得尽力而为就可。建议你用良好的态度和胸怀接受那些你不能改变的事情，多关注那些你能够改变的事情。以终为始，做一个长期的蓝图规划，一步一步地向你的目标迈进。这样，你就能一步步地看到进展，就会更有动力、自信地继续做下去。

其实学习和工作的状态是一样的道理。别人曾经问我，如何在长时间内保持高效的学习状态。我的建议是，第一，要精神好，全神贯注，心无杂念。第二，要给自己时间放松。第三，要给自己一些压力。不要让自己一直处于松弛的环境中。
第四，不要太长的时间做同样一件事情。因为重复多了容易感
觉枯燥和疲劳，效率就会变差。第五，不要没有准备就开始干
活。第六，反复的练习、回忆、记忆是非常有用的。这些道理
都很符合做事情的状态。

最后，值得注意的是，年轻时拼命工作或许没有太大关
系，但是年纪较长后，你就必须要照顾自己的身体，要平衡好
工作、嗜好、家庭等各方面的需求。我不认为"锻炼身体能够
从根本上改变你的工作状态和身体状态——虽然锻炼身体是好
事，多运动也会让你更有精力，但我相信能改变你的状态的关
键是心理而不是生理上的问题。真正投入到你的工作中才是一
种态度、一种渴望、一种意志。你很用心地列出了所有可能的
A级活动之后，你会发现自己有太多的事情需要去做，而你的
时间却又远远不够。这时你就应该为自己的活动排定先后次
序：如果说列举活动的时候你所需要的是创造和想象，那现在
你需要完全回到现实。要想做到这一点，你首先需要找出那些
不重要的活动，并立即停止它们。

拿起你刚刚列出的活动清单，仔细分析每一项活动，问问
你自己：在接下来的7天之内，我是否准备要在此项活动上投

入至少五分钟的时间（当然，有些活动可能并不需要这么长时间）？如果你的答案是"不"的话，我建议你立即勾掉那项活动。

在勾掉某项活动的时候，你不一定要给出具体的原因：你可能只是不喜欢去做这件事情，或者你可能无法得到必要的帮助，或者是因为你觉得它太难了，或者是因为你太忙了……无论是什么原因，只要觉得自己无法在某项活动上投入必要的时间，你就可以立即将其一笔勾销。

如果到最后你发现自己几乎勾掉了所有的活动，建议你可以从头开始，重新列出四项你觉得有意义，或者说你愿意投入时间去做的活动。

不要因为某件事情很重要（比如，找份新工作）而不愿意删掉它。如果你现在不愿意去着手处理这件事情的话，就立即毫不犹豫地把它勾掉——毕竟，你完全可以等到下个星期再考虑安排这件事情——千万不要让自己的工作越积越多。

在修改完三张A级活动清单之后，你可以把三张清单上的结果总结为一张任务列表。该列表可能会包含十几项活动，对于你来说，这些活动都很重要，而且你愿意在接下来的一个星期里投入时间来完成它们。接下来你要开始动手为所有的活动设定先后次序，确定完次序之后，你就可以为每项活动确定最后期限，并着手安排完成该活动的具体时间了。

怎样才能更加接近你的人生目标呢？每天都是一个崭新的机会。现在开始，选出至少一件你的A级活动，立即动手，你会发现自己很容易地就向自己的人生目标靠近了一步。

刚开始选择A级活动的时候，你一定要注意选择那些内容较短，而且比较容易实现的。如果你选择了一项难度较大的活动，建议你将其分解为更小的部分，然后从最简单，或者是涉及问题最少，或者是你最重视的那一部分开始。

珍惜所有人的时间

　　鲁迅先生曾说过："时间就是性命。无端的空耗别人
的时间，其实无异于谋财害命的。"每个人既要爱惜自己
的时间和精力，也要爱护他人的时间和精力，这是人类的
基本公德，也是对生命的基本尊重。

　　一个民族要想获得较好发展，就必须要建立起爱护时间和
精力的社会公德。爱护时间和精力的社会公德主要包括以下几
方面：

　　一、不浪费别人的时间和精力

　　对于时间和精力观念强的人来说，当别人浪费他的时间
和精力时，他往往会发火，即使表面上没有露出来。尤其是那
些高素质人才都很不愿意把宝贵的时间浪费在无聊琐碎的事情

上，对无聊、琐碎的小事都有一种本能的拒绝与厌恶。人们要善于理解和尊重多数人才珍惜时间、精力的美德，尽量不要让他们干小事，以免大材小用。

二、守时

守时是一种基本的道德。一个经常不守时的人，没有权利得到别人的信任和尊重。

三、准时

一般来说，约见过早到场，可能会觉得无所事事，或者虽然有些事做，但时间的利用率低；过晚到场，通常会有或多或少的匆促感，影响快乐；因此，约会通常应提前到场一点儿。

四、尽量预约及提早答复

预约是一种尊重，有利于双方的准备。拜访要先预约，而且要早点儿预约，让对方可以安排时间。直接上门而不先预约，通常是不礼貌的，也是不受欢迎的。

德国人邀请客人，往往提前一周发邀请信或打电话通知被邀请者。如果是打电话，被邀请者可以马上口头作出答复；如果是书面邀请，也可通过电话口头答复。但不管接受与否，回复应尽可能早一点儿，以便主人做准备，迟迟不回复会使主人不知所措。如果不能赴约，应客气地说明理由。既不赴约，又不说明理由是很不礼貌的。

五、限定时间

将要进行的交际所需的时间越长，越要限定时间，以避免和减少浪费时间。如果不限定时间，交际所需的时间往往要比你预想的要多很多，一时的损失或许不大，但长期积累，是非常不利的。

六、除了正式场合之外，同事、亲友之间的来往不必客气。

客气会浪费不少时间和精力。比如朋友有空来坐坐，通常不必专心相待，更不必长时间地交谈，可以一边做自己的事，一边同客人谈话，或者大家边电视（边看书）边交谈。

七、简单待客

无论你如何待客，有时总会让人不满意，这是正常的。如果过多照顾客人，就会花费不少时间，简单待客可为主人和客人节约不少时间，也使得彼此比较轻松、快乐。

八、客人来了，一般只需一个人接待

当然，如果主人们都有空或者没什么重要的事，也可坐下来交谈、陪客人，以分享交际的快乐。

九、知趣而退，不要打扰别人

每个人都有安排个人时间的权利，主人在必要时可以下逐客令。做客要注意辞退，通常不要到了主人表现不满时才走，以免打扰别人及给人留下不良的印象。

十、必要时打断别人的话头

当您不想再听对方讲下去，可适当打断话头，这样一时节约的时间和精力或许不多，但长期积累，是非常有益的。从传统上看，打断话头是不大礼貌的，但为了节约时间和精力，为了办好事情，也只能这么做，因此，您要理解及接受必要的打断话头。

十一、通常不做长时间的拜访

长时间的拜访都会浪费一些时间和精力，很多时候，有事只需电话交流一下就可以，根本就不必拜访。一般的会谈，基本上一个小时就足够了，多于一个小时的会谈，往往是低效的。

长时间的拜访，中间必须安排适当的休息。比如，两个小时的拜访，中间可安排10分钟的休息，让双方各自整理一下思路，以提高交谈的效率。

十二、长时间的应酬活动，中间应安排休息时间

这样既有助于消除疲劳及恢复精力，又利于整理思路，而不影响应酬的效率。

十三、干脆利落

一个干脆利落的人很少浪费别人的时间和精力，因而深受有素质的人的欢迎。啰嗦的人不受欢迎，因为他们不但经常浪费自己的时间和精力，而且经常浪费了别人的时间和精力。

十四、以午休、傍晚为主要的交际时间

无论是公司还是学校，午休一般都是1小时左右，比如，中午12点到1点。傍晚的休息时间，也大致为1小时，主要指吃完饭和洗完澡后的时间，大致是傍晚6点至7点。在此时间里，大多数人都比较疲劳，也没有做复杂的事情，而且在潜意识上希望交谈、休息，因此，最好利用这段时间交际。

十五、合理拒绝

善于拒绝是一种美德，也是一种才能。每个人都有拒绝的权利，因此，对别人的合理拒绝，不可以怀恨，否则，既会影响自己及他人的快乐、健康。无谓的应酬、无谓服从别人、无谓受别人影响，都会浪费时间和精力。

十六、不拘泥于形式

形式、礼节的东西往往会浪费时间和精力，尽管一时的浪费或许不多，但在长远上还是要尽量避免和减少。做事情要看效果，所有的程序不一定都要做到。

十七、办正事时，要严肃、认真，不要嘻嘻哈哈，以免浪费时间和精力

在休闲时间，可以轻松交谈，多开一些玩笑也无所谓。当然，长时间或紧张的交谈或办事中，不妨适当来些幽默，让大家轻松一下，以利于消除疲劳及增添乐趣。

十八、饮酒自定，绝不强求

酒既给人类带来了无数的欢乐，又给人类带来了无数的灾难，高手们尽管也时常喝点儿酒，但几乎从来不喝多，从而保证每次喝酒之后，仍然能够正常地学习、工作、娱乐和运动。

十九、多采用"AA制"

"AA制"是指各自付款。比如几个同事、朋友到某个餐馆吃饭，各自付钱，以避免为谁出钱的问题困扰。

二十、以快为德

我们要摒弃"慢慢来"的观念，要以快速办事作为基本的道德。快速不仅有利于个人发展，也利于他人及民族发展。

二十一、合理维护自己在时间和精力方面的权利

在很多时候损失时间、精力，比起损失金钱更可怕。维护自己的时间就是维护自己的利益，应得到支持与理解。

法拉第中年以后，为了节省时间，把整个身心都用在科学

创造上，严格控制自己，拒绝参加一切与科学无关的活动，甚至辞去皇家学院主席的职务。居里夫人为了不使来访者拖延拜访的时间，会客室里从来不放坐椅。

第七章

懂得宽容

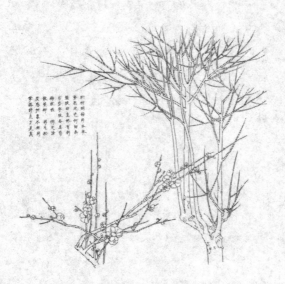

对人、对事宽容一点儿

> 宽容是一种美，深邃的天空容忍了雷电风暴一时的肆
> 虐，才有风和日丽；辽阔的大海容纳了惊涛骇浪一时的猖
> 獗，才有浩渺无垠；苍莽的森林忍耐了弱肉强食一时的规
> 律，才有郁郁葱葱。泰山不辞杯土，方能成其高；江河不
> 择细流，方能成其大。宽容是壁立千仞的泰山，是容纳百
> 川的湖海。

因为你的宽容，亲人爱护你，因为你的宽容，朋友信赖
你。因为你的宽容，同事喜欢你。因为你的宽容，你周围所有
的人都会接受你的存在，欢迎你的到来，这就是宽容的力量。
你是否有一颗宽容心，是你有必要去仔细想想的问题。

林肯总统对政敌素以宽容著称，后来终于引起一议员的不

满，议员说："你不应该试图和那些人交朋友，而应该消灭他们。"林肯微笑着回答："当他们变成我的朋友，难道我不正是在消灭我的敌人吗？"多么富有哲理的语言，多一些宽容，公开的对手或许就是我们潜在的朋友。林肯能够得到那么多人的尊敬和爱戴，原因也许就在于此吧！

与朋友交往，宽容是鲍叔牙多分给管仲的黄金，他不计较管仲的自私，能理解管仲的贪生怕死，还向齐桓公推荐管仲做自己的上司。

与众人交往，宽容是光武帝焚烧投敌信札的火炬。刘秀大败王郎，攻入邯郸，检点前朝公文时，发现大量奉承王郎、侮骂刘秀甚至谋划诛杀刘秀的信件。可刘秀对此视而不见，不顾众臣反对，全部付之一炬。他不计前嫌，可化敌为友，壮大自己的力量，终成帝业。这把火，烧毁了嫌隙，也铸炼坚固的事业之基。

你要宽容别人的龃龉、排挤甚至诬陷。因为你知道，正是你的力量让对手恐慌。你更要知道，石缝里长出的草最能经受风雨。风凉话，正可以给你发热的头脑"冷敷"；给你穿的小鞋，或许能让你在舞台上跳出曼妙的"芭蕾舞"；给你的打击，仿佛运动员手上的杠铃，只会增加你的爆发力。睚眦必报，只能说明你无法虚怀若谷；以牙还牙，也只能说明你的"牙齿"很快要脱落了；血脉贲张，最容易引发"高血压病"。"一只脚踩扁了紫罗兰，它却把香味留在那脚跟上，这就是宽恕。"

在世界中，每个人都得生活、工作，都得接触社会与家庭。在居家过日子及烦琐的工作中，难免会发生矛盾，出现这样或那样的失误与差错。在这时，如果你不让我，我不让你，很容易引发家庭矛盾和同事的争斗。不能原谅自己或他人所出现的失误与差错，就会给自己和他人增加心理上的压力和影响今后的正常生活与工作，因此，我们需要学会宽容，"容人须学海，十分满尚纳百川"，懂得宽容待人。

宽容待人，就是在心理上接纳别人，理解别人的处世方法，尊重别人的处世原则。我们在接受别人的长处之时，也要接受别人的短处、缺点与错误，这样，我们才能真正地和平相处，社会才显得和谐。

宽容是人类文明的唯一考核标准。"宽以济猛，猛以济宽，宽猛相济""治国之道，在于猛宽得中"，古人以此作为治国之道，表明宽容在社会中所起的重要作用。宽容，是自我思想品质的一种进步，也是自身修养，处世素质与处世方式的一种进步。

现代的戴尔·卡耐基不主张以牙还牙，他说："要真正憎恶别人的简单方法只有一个，即发挥对方的长处。"憎恶对方，恨不得食肉寝皮敲骨吸髓，结果只能使自己焦头烂额，心力尽瘁。卡耐基说的"憎恶"是另一种形式的"宽容"，憎恶别人不是咬牙切齿饕餮对手，而是吸取对方的长处化为自己强身壮体的钙质。

在现实生活中，有许多事情，当你打算用愤恨去实现或解决时，你不妨用宽容去试一下，或许它能帮你实现目标，解决矛盾，化干戈为玉帛。生活中，不会宽容别人的人，是不配受到别人宽容的。但我们也不能一味地把退让、迁就也当作是一种宽容、当作与人相处的最好方法。于是，我们就在现实生活中，处处退让、迁就，把自己的地位与做人标准都放弃了，那样，我们就对别人的错误一味地迁就，导致更大的错误发生，同时，我们也就失去了主宰自己的能力。这样的宽容是对别人和自己最不负责的表现，也是一种心理上的犯罪。宽容，生活中的一门技巧，宽容一点儿，我们的生活或许会更加美好。

不要让自私占据心灵

　　　　古希腊有一句话说："自私为一切天然与道德的罪恶根源。"

　　一位虔诚的教徒受到天堂和地狱问题的启发，希望自己的生活过得更好，他找到先知伊里亚。

　　"哪里是天堂，哪里是地狱？"伊里亚没有回答他，拉着他的手穿过一条黑暗的通道，来到一座大厅，大厅里挤满了人，有穷人，也有富人，有的人衣衫褴褛，有的人珠光宝气。在大厅的中央支着一口大铁锅，里面盛满了汤，下面烧着火，整个大厅中散发着汤的香气。大锅周围挤着一群满脸两腮凹进、带着饥饿目光的人，他们都在设法分到一份汤喝。

但那勺子太长太重，饥饿的人们贪婪地拼命用勺子在锅里搅着，但谁也无法用勺子盛出来，即使是最强壮的人用勺子盛出来，也无法把汤靠近嘴边去喝。有些鲁莽的家伙甚至烫了手和脸，还溅在旁边人的身上。于是，大家争吵起来，人们竟挥舞着本来为了解决饥饿的长勺子大打出手。先知伊里亚对那位教徒说："这就是地狱。"

他们离开了这座房子，再也不忍听他们身后恶魔般的喊声。他们又走进一条长长的黑暗的通道，进入另一间大厅。这里也有许多人，在大厅中央同样放着一大锅热汤。就像地狱里所见的一样，这里勺子同样又长又重，但这里的人营养状况都很好。大厅里只能听到勺子放入汤中的声音，这些人总是两人一对在工作：一个把勺子放入锅中又取出来，将汤给他的同伴喝。如果一个人觉得汤勺太重了，另外的人就过来帮忙。这样每个人都在安安静静地喝。当一个人喝饱了，就换另一个人。

先知伊里亚对他的教徒说："这就是天堂。"

心胸狭隘的自私鬼都在地狱中。因为自私不懂得分享的美好，无论如何谁也喝不到汤。如果你自私，就只能下地狱，挥舞大勺和其他的自私鬼们争斗，你们大打出手，可你们谁也喝不到汤。这就是自私者的结局，实在是可怜。

任何人都不要专顾自己的好处，一点儿也不想到别人。自私的人是最讨人厌的人，人与人同处着一种共同的生活，本来应当彼此帮助，彼此顾念，这样才能发生感情和友谊。如果一个人只顾自己的好处，就足能招来别人的厌烦和恶感，何况人一存自私的心不但不顾别人，还要夺取别人的好处归给自己，在这种情形之下，他会做各种损人利己的事，不用说受过他损害的人要厌恶他，就连未曾受过他损害的人也厌恶他。

一个人如果常自私地想别人应当爱他，他得了别人的恩待一定不知道感激，而且还常会对别人发出不满意的态度和言语来，责怪别人待他不好。他总觉得别人照他所希望的好待他，不过是别人当尽的本分。如果别人不能照他所希望的那样好，他便觉得别人亏负他，对不住他。这样的人对任何人都不满意，没有好感，纵使别人竭力的爱他，也不会使他满足感恩，这种人的自私是无止境的，请问谁能喜欢与这种人同处与这种人相交呢？

一个人若不愿意做这种讨厌的人，就当想到自己本没有权利要求别人的爱，而应该首先去爱别人。无论是家中的人，是朋友，是邻舍，是同学，是同事，是亲戚，我们总不该要求别人的爱，我们应该学会不要太自私。别人为我们做了什么事，

不论是大是小，是多是少，我们都应当表示谢意。一个人如果
这样做了，就很容易获得周围人的欢迎，得到别人的关爱。

发牢骚也会招人厌

　　　　　如果你想在生活和工作中拥有一份好心情，你就要杜
　　绝你那满腹牢骚的行为，避免在抱怨中浪费时间。

　　许多人总是认为自己学富五车、才高八斗，却总是生不逢时，得不到老板的赏识和提拔。于是，经常私下抱怨、牢骚满腹，一副怀才不遇的模样。

　　但是，不管现实怎样，努力才是首要的，否则抱怨会让你失去更多。

　　有一位年轻的修女，进入修道院以后，她一直在从事织挂毯这项工作。做了几个星期之后，她终于开始抱怨道："给我的指示简直不知所云，我一直在用黄色的丝线编织，突然又

要我打结、把线剪断，完全没有道理，真是浪费，我简直干不下去了。"听见她的抱怨，在另一旁织毯的一位老修女说道："孩子，你的工作并没有浪费，你织出的那很小一部分，其实是非常重要的一部分啊。"老修女带她走到工作室的隔壁，在一幅摊开的挂毯面前，年轻的修女看呆了。原来她编织的是一幅美丽的"三王来朝图"，黄线织出来的那一部分正是圣婴头上的光环，看起来是浪费且没有意义的工作，原来竟然是那么的伟大。

有一句话说得好，如果你想抱怨，生活中一切都会成为你抱怨的对象；如果你不抱怨，生活中的一切都不会让你抱怨。你发泄着不满，却很难确定能解决什么，但有一点是肯定的：你的抱怨不仅会使你越来越累，还会把别人说得疲惫不堪。让别人看到你就唯恐避之不及，这样你的生活永远都没有起色。

因此，不要抱怨你的单位不好，不要抱怨你的上司不好，不要抱怨你的工作差、工资少，也不要抱怨你空怀一身绝技没人赏识你，现实有太多的不如意，就算生活给你的是垃圾，你同样能把垃圾踩在脚底下，登上世界之巅。

要知道，成功不会在一夜降临。如果你还没有获得提升，不要抱怨怀才不遇，或急于跳槽，要知道，是金子，总会发光的。

有一点我们必须要知道：抱怨于事无补，并且只会让事情变得更糟。那些喜欢终日抱怨的人，不能改变这种恶习，就没有办法获得成功。李某是北京一名牌大学的毕业生，能说会道，各方面都表现的不同凡响。他在一家私营企业工作两年了，虽然业绩很好，为公司立下了汗马功劳，可就是得不到老板的提升。

李某心里有些不舒畅，常常感叹老板没有眼力。

一日，和同事喝酒时李某发起了感慨："想我自到公司以来，努力认真，试图在事业上有所成就，我为公司建立了那么多的客户，业绩也很不错。虽然兢兢业业，成就人所共知，但是却没人重视、无人欣赏。"世上没有不透风的墙，本来老板准备提升李某为业务部经理，得知李某之言，心里着实有些不是滋味，后来放弃了提升他。

李某之所以得不到老板的提升，就在于他不了解老板的心理，而只是一味地从自己的利益出发抱怨没有识才的"伯乐"。

试想，作为一个老板，谁愿意被人认为是不识人才的无能之辈呀？李某这样说不等于是在贬低老板没有能力吗？

　　因此，不要轻易抱怨。如果你也如此，还是赶快停止你的抱怨吧，让烦躁的心情平静下来。事实上，你所埋怨的那些东西，并不是导致你未能得到别人喜欢的根本原因，至多也只是原因之一而已。

　　你之所以不能成功的根本原因还在于你自己，只有你自己在行为上真正改变过来，从思想根源上认清问题，好好想清楚自己，才能改变你所面临的困境。你的抱怨行为的本身，正说明你倒霉的处境是咎由自取——抱怨正是导致你身处艰难的罪魁祸首。现在，我们来审视、思考一下自己吧，问自己几个问题：你的自我形象是否令人满意？你是否对自己感到坚定自信？你觉得自己是否有担当重任的能力？你平常的工作水平是否非常突出？你和老板、同事关系是否良好和谐？

　　如果你的回答是肯定的，那么你的确是一个值得别人信任、受别人欢迎的人。常常抱怨的人，终其一生都不会有真正的成就，我们没有必要心存抱怨，吹毛求疵和抱怨于事无补，只有通过努力才能改善处境。

丢弃你的嫉妒心

嫉妒常常会导致中伤别人、怨恨别人、诋毁别人等消极的行为。嫉妒往往是和心胸狭隘、缺乏修养联系在一起的。心胸狭隘的人会因一些微不足道的小事而产生嫉妒心理，别人任何比他强的方面都成了他嫉妒的缘起。缺乏修养的人会将嫉妒心理转化成消极的嫉妒行为，严重地破坏人际关系。

嫉妒，从某种意义上说，是人类的一种普遍的情绪。现代社会是一个崇尚成功的社会，然而在激烈的竞争当中，有人成功，就必然有人失败。失败之后所产生的由羞愧、愤怒和怨恨等组成的复杂情感就是嫉妒。可以说我们任何人都会有这种心理，如果让这种嫉妒在心里蔓延，必然会引起许多不必要的麻烦，为我们的生活增加负担，造成人与人之间的不和谐。

一个人在嫉妒别人时，总是注意到别人的优点，却不能注意自己比别人强的地方。其实任何人都有不如别人的地方，当别人在某些方面超过我们时，我们可以有意识地想一想自己比对方强的地方，这样就会使自己失衡的心理天平重新恢复到平衡的状态，也就更能够面对真实的自己。

当今社会是个竞争日益激烈的社会，人际关系越来越复杂、微妙，可以说只要是身心健康的人或轻或重地都有这种心理，只不过是有些人易表露，有些人善于掩饰而已。有这种心理并非坏事，如果把问题处理好了，则是一种催人积极奋进的原动力——学会取人之长补己之短；如果处理不好，妒火中烧，就会引发不正当竞争，惹出许多是非来。心理学家的观察也证明：嫉妒心强烈的人易患心脏病，而且死亡率也高，而嫉妒心较少的人群，则心脏病的发病率和死亡率均明显的低，只有前者的 $1/3 \sim 1/2$。此外，如头痛、胃病、高血压等，都易发生于嫉妒心强的人群，并且药物的治疗效果也较差。所以，我们有必要克服自己的嫉妒心理，正确认识自己。我们可以试着用以下几种方法来克服嫉妒：

（1）正确认识法。嫉妒心的产生往往是由于误解所引起的，即人家取得了成就，便误以为是对自己的否定，对自己是威胁，损害了自己的"面子"，其实，这只不过是一种主观臆想。一个人的成功不仅要靠自己的努力，更要靠别人的帮助，荣誉既是他的也是大家的，人们给予他赞美、荣誉，并没有损害自己。

（2）攻击嫉妒法。当嫉妒心一经产生，就要立即把它打消掉，以免其作祟。这种方法，需要靠积极进取，使生活充实起来，以期取得成功，并不亚于竞争对手。培根说过："每一个埋头沉入自己事业的人，是没有工夫去嫉妒别人的。"

（3）凡事"想开些"。"想开些"即乐观些。人生总有不如意之事，所谓"人人都有本难念的经"即是此理。当然，做到"想开些"，也不是一件容易的事，但随着时间的流逝，是可以改变个人的观点的。如果正处在愤怒、兴奋或消极的情况下，能较平静、客观地面对现实，是能达到克服嫉妒的目标的。

（4）正确比较法。一般而言，嫉妒心理较多地产注于周围熟悉的年龄相仿、生活背景大致相同的人群中。因此，只有采取正确的比较方法，将人之长比己之短，而不是以己之长比人之短，比的方法对了，烦恼情绪就会少了。

（5）自我驱除法。嫉妒是一种突出自我的表现。在这种心理支配下，待人处事常常以我为中心，无论什么事，首先考虑到的是自身的得失，因而引起一系列的不良后果。若出现嫉妒苗头时，即行自我约束，摆正自身位置，努力驱除妒忌心态，可能就会变得"心底无私天地宽"了。

总之，我们应该对自己有一个真实的印象，在嫉妒产生的时候，把握好自己的心态，让嫉妒的消极因素转化成积极因素，让自己有一个良好的人际关系网。

控制自己的情绪

　　　　我们在与人相处时，不可能事事都一帆风顺，不可能
要每个人都对我们笑脸相迎。有时候，我们也会受到他人
的误解，甚至嘲笑或轻蔑。这时，如果我们不能善于控制
自己的情绪，就会造成人际关系的不和谐，给自己的生活
和工作带来麻烦，所以，我们应该学会面对那个易怒的自
己，并有理性的控制自己。

　　那些允许其情绪控制自己行动的人，都是弱者，真正的强
者会迫使他的行动控制其情绪。一个人受了嘲笑或轻蔑，不应该
窘态毕露、无地自容。如果对方的嘲笑中确有其事，就应该勇敢
地承认，这样对你不仅没有损害，反而大有裨益；如果对方只是
横加侮辱、盛气凌人，且毫无事实根据，那么这些对你也是毫无

损失的，你尽可置之不理，这样会益发显现出你的人格。有的人在与人合作中听不得半点"逆耳之言"，只要别人的言辞稍有不恭，不是大发雷霆就是极力辩解，其实这样做是不明智的。这不仅不能赢得他人的尊重，反而会让人觉得你不易相处。采取虚心、随和的态度将使你与他人的合作更加愉快。

美国前总统罗斯福年轻时体力比不上别人。有一次，他与人到白特兰去伐树，到晚上休息时，他们的领队询问白天各人伐树的成绩，同伴中有人答道："塔尔砍倒53株，我砍倒49株，罗斯福使劲咬断了17株。"这话对罗斯福来说可不怎么顺耳，但他想到自己砍树时，确实和老鼠营巢时咬断树基一样，不禁自己也好笑起来。

可以说罗斯福的成功，正得益于他的这种对自己情绪的控制。当然，能否很好地控制自己的情绪，取决于一个人的气度、涵养、胸怀、毅力。历史上和现实中气度恢宏、心胸博大的人都能做到有事断然、无事超然、得意淡然、失意泰然。正如一位诗人所说：忧伤来了又去了，唯我内心的平静常在。

在自然界，潮涨潮落、日出日落、月圆月缺、燕子来去、花开花谢、春种秋收，这些现象或许都是自然界情绪的一种表现。人，也是自然界物体的一个组成部分，所以，我们的情绪也会像潮水一样涨涨落落。

　　但是，对于一个希望成功的人来说，不能任由情绪去自然地表现，得学会控制自己的情绪。因为一个无法控制自己情绪的人，一定也无法控制自己的人生。你的情绪若不正常，会直接影响到你的心态，也会影响到你的工作效率。试想，一个老板，一大早走进公司就阴沉着脸，下属看见了会做何感想，他会想老板不是跟太太吵架了就是公司的事情有些不妙了。而如果你只是一个下属，你恐怕更得学会控制你的情绪，因为没有一个老板希望自己下属的情绪反复无常、遇到事情不会控制自己。

　　最近，美国密歇根大学心理学家南迪·内森的一项研究发现，一般人的一生平均有十分之三的时间处于情绪不佳的状态，因此，人们常常需要与那些消极的情绪作斗争。

　　消极情绪对我们的健康十分有害，科学家们已经发现，经常发怒和充满敌意的人很可能患有心脏病，哈佛大学曾调查了1600名心脏病患者，发现他们中经常焦虑、抑郁和脾气暴躁者比普通人高三倍。

　　因此，可以毫不夸张地说，学会控制你的情绪是你生活中一件生死悠关的大事。当你闷闷不乐或者忧心忡忡时，你所要做的第一步是找出原因。

　　25岁的林子是一名广告公司职员，她一向心平气和，可有一阵子却像换了一个人似的，对同事和丈夫都没好脸色，后来她发现扰乱她心境的是担心自己会在一次最重要的公司人事安排中失去职位。当她了解到自己真正害怕的是什么，她似乎就觉得轻松了许多。她说，"我将这些内心的焦虑用语言明确表达出来，便发现事情并没有那么糟糕"。找出问题的症结后，林子便集中精力对付它，"我开始充实自己，工作上也更加卖力"。结果，林子不仅消除了内心的焦虑，还由于工作出色而被委以更重要的职务。

　　可见，生活中的许多事不是像我们想的那么糟糕，只要我们能很好的控制自己的情绪，许多事足可以发生消极到积极的转化。我们要做的是成为情绪的主人，做一个更有思想、更理智的人。